高等院校电子信息类规划教材

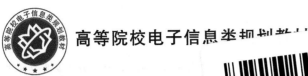

U0309693

智能机器通信与网络

尉志青　冯志勇　编著

北京邮电大学出版社
www.buptpress.com

内 容 简 介

以工业机器人、无人车、无人机等为代表的智能机器蓬勃发展,其中智能机器通信与网络是重要的支撑技术。本书面向智能机器高效可靠互联与快速适变环境的需求,介绍智能机器通信与网络的基础理论、通信技术、组网技术与最新前沿。希望本书能帮助读者了解智能机器通信与网络的基础知识、关键技术及最新进展,为读者后续学习、研究和工程实践提供一定的启发和帮助。

本书可以作为高校本科生、研究生的教材或参考书,也可以作为信息通信技术行业技术人员的参考书。

图书在版编目(CIP)数据

智能机器通信与网络 / 尉志青,冯志勇编著. -- 北京:北京邮电大学出版社,2023.8
ISBN 978-7-5635-7009-6

Ⅰ. ①智… Ⅱ. ①尉… ②冯… Ⅲ. ①智能技术-通信技术-研究 Ⅳ. ①TP18

中国国家版本馆 CIP 数据核字(2023)第 159361 号

策划编辑:姚 顺 刘纳新 **责任编辑:**刘 颖 **责任校对:**张会良 **封面设计:**七星博纳

出版发行: 北京邮电大学出版社
社 址: 北京市海淀区西土城路 10 号
邮政编码: 100876
发 行 部: 电话:010-62282185 传真:010-62283578
E-mail: publish@bupt.edu.cn
经 销: 各地新华书店
印 刷: 北京虎彩文化传播有限公司
开 本: 787 mm×1 092 mm 1/16
印 张: 10.25
字 数: 250 千字
版 次: 2023 年 8 月第 1 版
印 次: 2023 年 8 月第 1 次印刷

ISBN 978-7-5635-7009-6 定价:45.00 元

前　言

近年来,随着通信、感知、计算、控制技术的发展和相互融合,物联网、人工智能、自动化技术正在整合与重构传统产业,传统产业正在经历数字化、网络化、智能化、无人化改造,生产力水平实现飞跃式发展。此外,我国人口老龄化的加剧造成劳动力成本上升,实体产业亟须无人化改造,以缩减成本,提升竞争力。在此背景下,在制造、仓储、物流等环节都涌现出一批无人化技术,如工业机器人、无人车、无人机等,以工业机器人、无人车、无人机等为代表的智能机器蓬勃发展。这些智能机器能够在复杂的环境中自主或交互地执行任务。然而,单智能机器执行任务的效率受限,智能机器集群通过无线网络支撑,构成智能机器网络以进行高效协作,可以提高任务执行效率。为此,研究面向智能机器集群高效、可靠、互联与快速响应环境的需求,研究智能机器通信与组网技术至关重要,该研究正在获得国内外学者的广泛关注。

为了满足智能机器高效、可靠、互联和快速适变环境的需求,亟须研究高容量、大连接、低时延、高可靠的通信与组网技术,而智能机器通信与组网面临非理想、不确定环境下的通信链路可靠性差、组网协议难适变等难题。为此,需要从基础理论、通信技术、组网技术等角度研究智能机器通信与网络。在基础理论方面,通过信息论、随机几何、排队论等理论知识,可以对智能机器网络的信道容量、网络容量、覆盖概率/中断概率、时延和时延抖动等性能进行分析,以指导智能机器通信与组网方案的设计和优化;在通信技术方面,通过研究智能机器网络的天线技术、复用技术、编码技术、抗干扰技术、帧结构设计等,实现高容量、大连接、高可靠、低时延通信;在组网技术方面,通过设计智能机器网络的邻居发现、分簇、多址接入、路由方案等,可以实现高动态拓扑结构下的智能机器快速组网。

本书介绍智能机器通信与网络的基础理论、通信技术、组网技术与最新前沿。全书包含11章:第1章为绪论;第2章、第3章专注于智能机器通信与网络的基础理论,为通信与组网方案的设计和优化提供理论指导;第4章介绍智能机器通信技术;第5章～第7章专注于智能机器组网技术,包括智能机器网络的邻居发现、分簇、多址接入与路由技术;第8章介绍面向智能机器的通信感知一体化技术;第9章～第11章介绍典型的智能机器网络,包括工业无线网络、车联网、无人机网络,以及智能机器网络的未来发展趋势。

本书的撰写得到了一些项目的资助,包括国家重点研发计划项目(编号:2020YFA0711300)、国家自然科学基金项目(编号:62271081、92267202)、北京市自然科学基金—海淀原始创新联合基金项目(编号:L192031),在此对科学技术部高技术研究发展中心、国家自然科学基金委员会和北京市自然科学基金委员会表示感谢。在本书撰写的过程中,王琳、李晨菲、邹滢滢、赵鑫茹、姚茹兵、朱明月、朴敬卉、王文涛、梅冬洋、卢泊皓、徐文妍、刘浩田、刘雨萌、陈俊良、李东桀、张玲等研究生提供了非常多的帮助;封慧琪、贾成伟、丘丰豪、刘贺、孙贝佳、鲁博闻等本科生的课程作业为本书的撰写提供了有益的素材,在此一并表示感谢。

本书是北京邮电大学本科生"智能机器通信与网络"课程的教材。通过本书,希望能帮助读者了解智能机器通信与网络的基础知识、关键技术及最新进展,为后续学业提供一定的启发和帮助。受限于作者的知识水平,本书难免有不足之处,希望读者予以批评指正。

尉志青,冯志勇

于北京邮电大学

目　录

第1章 绪 论

1.1 智能机器网络

智能机器是指能够在复杂环境中自主或交互地执行任务的机器,智能机器需要无线网络支撑,以高效协作,提高任务执行效率。典型的智能机器网络包括工业无线网络、车联网、无人机网络等。

(1)工业无线网络

智能机器的一个典型应用场景是柔性制造,多智能机器通过工业无线网络实现高效协作,支持生产线按需灵活重构,基于客户差异化的需求快速、灵活构建个性化产品生产线,以满足未来多品种、可订制的智能生产要求。

(2)车联网

车联网可实现人、车、路互联,车联网可综合应用感知、通信、计算、控制等先进技术,建立实时、准确、高效的综合交通运输信息处理系统,实现车与车(vehicle-to-vehicle,V2V)、车与路(vehicle-to-road,V2R)以及车与基础设施(vehicle-to-infrastructure,V2I)之间的信息交换,提升交通流的安全性和效率,并支持未来无人驾驶等智能应用。

(3)无人机网络

无人机由于具有灵活性强、可快速部署等优点,被广泛应用在侦查、监控、搜救、灾情评估等领域。无人机按飞行平台构型主要分为固定翼无人机和旋翼无人机,按照尺寸主要分为大型无人机和小型无人机。大型无人机主要独立工作,用于军事侦察和打击等领域。小型无人机以互相协作的方式工作,具有更强的生存性以及更低的成本。固定翼无人机的续航时间比较长,载重量大,适合于军事应用、电力巡线、公路巡查等方面。而旋翼无人机由于具有可以定点悬停、操控简单、无须跑道便可以垂直起降、回收简单等优点,非常适合航拍、监控等领域。近年来,在大疆等公司的推动下,旋翼已经成为小型无人机的主流。小型无人机通过无线组网,以互相协作的方式工作,具有更强的生存性、更低的成本。小型无人机集群自主组网是目前的研究热点,在军民领域获得了广泛应用。

1.2 智能机器网络应用场景

下面从三类典型智能机器网络出发,阐述智能机器网络的应用场景。

1. 工业无线网络

作为制造强国的新引擎,智能制造是国际制造业竞争的热点领域。德国提出"工业 4.0"计划,确定了"智能工厂"和"智能生产"主题,重点研究智能化生产系统、网络化分布以及无线网络,以实现智能制造和数字制造。2012 年,通用电气公司(General Electric Company,GE)提出了类似的构想,并将其称为工业互联网。2014 年,美国电话电报公司(American Telephone & Telegraph,AT&T)、思科公司(Cisco)、GE、国际商业机器公司(International Business Machines Corporation,IBM)和英特尔公司(Intel)共同成立了美国工业互联网联盟(Industry IoT Consortium,IIC),推动工业互联网的发展。智能制造是中国建设制造强国的主攻方向,发展智能制造对于巩固实体经济根基、建设现代产业体系、实现新型工业化具有重要作用。为了加快我国工业互联网发展,在我国工业和信息化部的指导下,2016 年由工业、信息通信业、互联网等领域百余家单位共同发起成立工业互联网产业联盟,定期发布指导工业互联网发展的白皮书、技术标准等。

工业互联网是智能制造的重要支撑。按照工业互联网产业联盟发布的白皮书《工业互联网体系架构》,在工业互联网的功能架构中,网络、平台和安全构成了其三大组成体系。其中,网络体系由网络互联、数据互通和标识解析三部分组成。并且"网络互联"通过有线或无线方式,将工业互联网体系相关全要素连接,实现端到端数据传输。其中,无线技术正加速向工业实时控制领域渗透,成为传统工业有线控制网络的有力补充和替代,第五代移动通信技术(5th generation mobile communication technology,5G)赋能工业互联网已成为目前研究和应用的热点。

在智能制造领域中,支持生产线按需灵活重构的柔性制造代表了先进制造模式的发展方向,是提高制造业生产效率及利用率的关键。柔性制造车间支持生产线按需定产,以消费者为导向,基于差异化的需求快速、灵活地构建个性化产品生产线,以满足未来多品种、可订制的智能生产要求。按需灵活重构的柔性生产需要工业无线网络的支持。首先,柔性制造车间有大规模可移动智能机器,高温、高湿、高腐蚀、刀具切割等因素使得有线组网复杂且线路容易损坏;其次,工业无线网络极大地节约了柔性生产线重构时的布线时间和成本,提高了生产效率。

基于工业无线网络的柔性制造有大量的应用场景,由中国信息通信研究院、华为技术有线公司牵头编写,工业互联网产业联盟发布的白皮书《5G/5G-A 超可靠低时延通信工业场景需求白皮书》阐述了大量 5G 赋能的柔性制造场景,5G 超可靠低时延通信(ultra reliable low latency communication,URLLC)可以用于汽车制造、电子/机械制造、精铸及传统工业。例如,在汽车焊装车间和总装车间,通过 5G 网络支持,可以节约布线成本,提高生产效率,并可以有效实现个性化生产。因此,面向工业互联网的最新发展趋势,本书重点关注面向智能机器的无线网络,以支撑智能制造等领域的大规模智能机器高效灵活协作。

2. 车联网

车联网就是将车与车连接在一起的网络,车联网收集并处理道路交通网络中每辆汽车的信息,并实现信息的共享,实现人、车、路三位一体互联。从智能交通技术的角度来看,车联网是指将先进的感知技术、通信技术、计算技术、控制技术等综合应用,从而建立的实时、准确、高效的综合交通运输信息处理系统,将车辆、道路、行人和路边设施集成为一个有机的整体。车联网技术有望实现车群的网联智能,支撑无人驾驶等高级应用,提升交通流的安全性和有效性。

车联网主要解决车与车(vehicle-to-vehicle,V2V)、车与路(vehicle-to-road,V2R)以及车与基础设施(vehicle-to-infrastructure,V2I)的通信问题。在通信基础设施缺乏的场景下,主要通过无线自组织网络模式实现 V2V 通信;在通信基础设施覆盖良好的场景下,可以通过移动通信网络实现 V2V 通信,也可以通过车辆的数据直连方式实现 V2V 通信。

3. 无人机网络

无人机由于具有灵活性强、可快速部署等优点,被广泛应用在侦查、监控、搜救、灾情评估等领域。如图 1-1 所示,在灾害救援场景下,无人机网络可以提供广域的通信覆盖,包括无人机空中组网及空地组网。其研究难点在于如何在高速高动态运动下进行高效组网。

无人机网络的应用场景主要包含两类,即无人机独立组网和无人机辅助地面通信。在无人机独立组网场景下,无人机集群经常利用无线自组织网络模式组网;在无人机辅助地面通信场景下,无人机既可以作为空中基站,也可以作为空中中继,如果利用无人机集群辅助地面通信,那么无人机集群在空中还需要利用无线自组织网络模式组网,以增强对地面的覆盖性能,如图 1-1 所示。

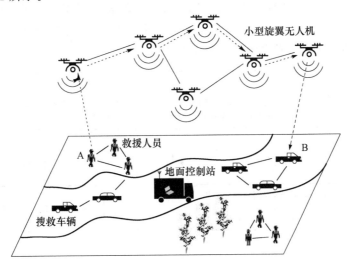

图 1-1　无人机支持的灾害救援场景

1.3　智能机器通信与网络的研究内容

在无人驾驶、工业自动化等智能机器应用蓬勃发展的背景下,面向具有大连接、对端到端时延和可靠性要求严苛、上行大带宽等特点的智能机器业务,亟须研究适配智能机器业务特征的通信与组网技术。具体研究内容如下。

1. 智能机器通信与网络性能分析

面向智能机器的业务特征,需要从信道与网络容量、网络覆盖概率(中断概率)、通信时延与时延抖动等角度分析智能机器通信与网络性能,为协议设计、资源优化等打下基础。

2. 智能机器通信技术

为了满足智能机器超可靠低时延通信需求,需要从天线技术、复用技术、编码技术、抗干扰技术以及帧结构设计等方面研究智能机器的通信技术。

3. 智能机器组网技术

为了满足智能机器网络快速建网、节点接入、稳定高效的数据传输等需求,需要从邻居发现、节点分簇、多址接入、路由等方面研究智能机器的组网技术。

4. 智能机器感知技术

本书面向资源受限下的智能机器高精度目标定位与识别的需求,研究面向智能机器的通信感知一体化技术。

1.4 章节安排

本书主要面向本科高年级学生和研究生,以高等数学、数字信号处理、概率论与数理统计、计算机网络等前期课程为基础,初步介绍智能机器通信与网络的基础理论、通信技术、组网技术、感知技术。本书的章节安排如图 1-2 所示。

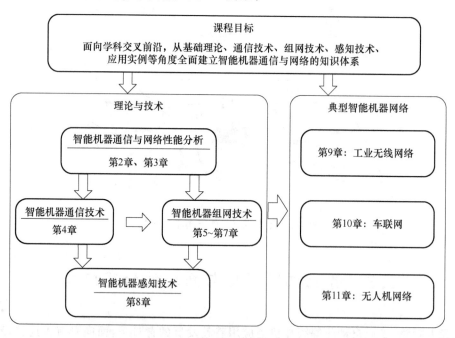

图 1-2 本书结构

本书首先在第 1 章介绍智能机器网络的概念、特征、应用场景等,然后面向智能机器网络的场景和业务特征,简要介绍智能机器通信与网络的研究内容,为读者提供智能机器通信与网络的基本图景。

第 2 章介绍本书的基础数学理论,包括信息论基本概念、随机几何、排队论等,其目的是分析智能机器通信与网络的性能指标。

第3章分析智能机器通信与网络的性能,包括信道容量、网络容量、网络覆盖概率、时延和时延抖动等,为智能机器网络协议设计、资源优化等打下基础。

第4章介绍智能机器的通信技术,包括天线、复用、编码、抗干扰、帧结构设计等,以支持无人驾驶、工业自动化等场景的高可靠低时延通信需求。

第5章到第7章主要介绍智能机器组网技术,包括面向智能机器网络的邻居发现、分簇、多址接入、路由等技术。

第8章介绍面向智能机器的通信感知一体化技术,首先介绍传统脉冲雷达与连续波雷达波形以及信号处理方法等雷达领域的基础知识,然后介绍基于OFDM的通信感知一体化信号和信号处理、通信导航一体化技术等。

第9章到第11章介绍三种典型的智能机器网络,即工业无线网络、车联网、无人机网络,主要介绍其概念、网络架构、关键技术、未来趋势等。

本 章 习 题

1. 智能机器是什么?适配智能机器的网络具有什么特征?
2. 工业无线网络、车联网和无人机网络有哪些特征?
3. 无人机主要可以分为几类?其应用领域有何区别?
4. 全面阐述智能机器业务特征。
5. 智能机器网络中的关键技术有哪些?主要解决哪些问题?

本章参考文献

[1] 中国通信学会.通感算一体化网络前沿报告[R],中国:中国通信学会,2021.
[2] 工业互联网产业联盟,工业互联网体系架构(版本2.0)[R],中国:工业互联网产业联盟,2020.
[3] 工业互联网产业联盟,5G/5G-A超可靠低时延通信工业场景需求白皮书[R],中国:工业互联网产业联盟,2022.

第2章 基础数学理论

智能机器网络的性能指标是智能机器网络协议设计、资源优化等的前提。为了分析智能机器网络以信道容量、网络容量、时延和时延抖动、网络覆盖概率等为代表的性能指标,本章初步介绍信息论、随机几何、排队论等基础数学理论。

2.1 互信息与信道容量

1. 简述

信息论由克劳德·香农(Claude Shannon)在1948年首先提出,融合了通信技术、概率论、随机过程等,经过不断发展,是通信技术的理论基础。香农对信息的定义为:信息是事物运动状态或存在方式的不确定性的描述。信息论包含狭义和广义两种。狭义信息论主要研究信源、信道、编码、容量界等问题。广义信息论进一步考虑信息的语义、语用等问题,北京邮电大学钟义信、张平、牛凯等教授在该领域进行了长期的研究,广义信息论是近几年兴起的"语义通信"的理论基础。本书主要基于通信系统模型简要介绍信息论的基本概念。

在图2-1中,信源是信息的源点。按照信源输出符号的取值,信源可以分为连续信源和离散信源;按照信源输出符号之间的关联关系,信源可以分为有记忆信源和无记忆信源。编码器主要包含信源编码器、信道编码器和调制器。信源编码器将信源消息处理成符号以提高信息的传输效率,信道编码器通过给信源编码符号增加冗余来提高传输可靠性,调制器则将输出符号变成适合信道传输的信号,以提高传输效率。信道是信息的传递媒介,信号在信道中传输时将遇到噪声的干扰,其中理想加性高斯白噪声信道是信息论中经常研究的信道。译码器实现与编码器相反的功能,将信号恢复成消息,信宿是信息的接收点。

图2-1 通信系统经典模型[1]

2. 互信息与信道容量

首先介绍信息论中的基本概念(如自信息、信息熵、互信息、信道容量)和信道编码定理。

(1) 自信息

自信息表示信源 X 的某个取值 x_i 发生时包含的信息量,表示为:

$$I(x_i) = \log \frac{1}{P(x_i)} \tag{2-1}$$

其中，$p(x_i)$ 表示 X 取值为 x_i 时的概率。

（2）信息熵

信息熵表示信源的信息量，为各个离散的自信息的数学期望值，信源的信息熵 H 考虑的是整个信源的统计特性，表示为：

$$H(X) = E[I(x_i)] = \sum_i p(x_i) \log \frac{1}{P(x_i)} \tag{2-2}$$

（3）互信息

随机变量 X 和随机变量 Y 的互信息表示为：

$$I(X;Y) = H(X) - H(X \mid Y) = -\sum_i \sum_j p(x_i, y_i) \log \frac{p(x_i \mid y_i)}{P(x_i)} \tag{2-3}$$

其中，x_i 和 y_i 分别是随机变量 X 和 Y 的取值，$p(x_i, y_i)$ 为联合概率密度函数，$p(x_i \mid y_i)$ 为条件概率密度函数，$p(x_i)$ 和 $p(y_i)$ 为边缘概率密度函数。

互信息可以度量随机变量的关联程度：当互信息最大时，可以认为两个随机变量之间的相关性最大；当互信息为 0 时，可以认为两个随机变量之间无关。

（4）信道容量

信道容量是指信道的输入与输出的互信息的最大值。信道容量 C 可表示为：

$$C = \max I(X;Y) \tag{2-4}$$

信道容量是对信道最大信息传输速率能力的度量。

（5）信道编码定理

设 R 是信息传输的速率，C 是离散无记忆信道的信道容量，$\varepsilon > 0$ 是任意小的正数，则只要满足 $R < C$ 就存在一种编码，使得当码序列长度 N 足够长时，译码错误概率 $p_E < \varepsilon$。

根据上述定理，若不考虑码长，信道容量是信息传输的最大速率。然而，研究有限码长和所需错误概率下的速率界对于智能机器是至关重要的。本章参考文献[2]提出在给定有限码长 n 和误差概率 ε 时，可实现的最大信道编码率近似表式式：

$$R^*(n, \varepsilon) \approx C - \sqrt{\frac{V}{n}} Q^{-1}(\varepsilon) \tag{2-5}$$

其中，C 为信道容量，V 为信道色散，C 与 V 是信道相对于具有相同容量的确定性信道的随机性的度量，Q 为互补累计分布函数。该研究是度量超可靠低时延通信（ultra-reliable low-latency communication，URLLC）性能的基础，近年来获得了大量的关注。

在平均功率受限的加性高斯白噪声（additive white gaussian noise，AWGN）信道中，P 为信噪比，则 C 和 V 分别为：

$$C = \frac{1}{2} \log(1 + P) \tag{2-6}$$

$$V = \frac{P}{2} \frac{P+2}{(P+1)^2} \frac{1}{(\ln 2)^2} \tag{2-7}$$

信息传输的速率 R 与容量 C 的差距一方面是由于固定的有限码长；另一方面可以根据编码理论的发展进行缩小。建议对该部分内容感兴趣的读者可以阅读本章参考文献[2]进行深入学习。

2.2 随机几何

1. 简述

随机几何研究不同空间维度的随机现象,包括描述空间中随机点的集合以及点的空间统计特性。点过程理论是随机几何的一个重要子领域,用于描述空间中随机的点集合。根据研究场景,点过程可以模拟不同空间维度上机器网络中节点位置的分布[3]。

2. 点过程

对于大规模机器网络研究来说,节点处于一定的运动状态,节点之间的干扰也随节点位置的变化而变化,整个网络处于一种非确定性状态,因此首先需要用点过程对节点位置进行建模。

点过程 Φ 描述了所观测空间中可数的随机点集合。在实际场景中,所观测空间一般是 n 维欧氏空间 $\mathbb{R}^n$。点过程具有平移性(将点过程平移后仍为点过程)、叠加性(多个不同分布的点过程可以叠加产生一个新的点过程)、各向同性(点过程围绕原点旋转,其分布不随旋转而变化)。根据点之间是相互排斥还是相互吸引,可以将点过程分为不同类型。对基本的点过程进行一些操作,可以使其发生符合一定规律的变化,产生一个新的点过程。常见的操作有稀疏化(按照一定规则删除部分点,可用于产生硬核点过程)、聚集(用一个点簇代替原来的单点,可用于产生簇过程)。本书仅介绍最基本但最重要的泊松点过程。

定义 2.1(泊松点过程) 在 n 维欧氏空间 $\mathbb{R}^n$ 中,点的密度为 $\lambda(\boldsymbol{x}),\boldsymbol{x}=(x_1,x_2,\cdots,x_n)$ 的泊松点过程满足以下两条性质。

① 对于 $\mathbb{R}^n$ 中的有界集合 B,集合 B 中点的个数 $N(B)$ 服从均值为 $\int_B \lambda(\boldsymbol{x})\mathrm{d}\boldsymbol{x}$ 的泊松分布,其概率密度函数为:

$$\mathrm{Pr}(N(B)=k)=\exp\left(-\int_B \lambda(\boldsymbol{x})\mathrm{d}\boldsymbol{x}\right)\frac{\left(\int_B \lambda(\boldsymbol{x})\mathrm{d}\boldsymbol{x}\right)^k}{k!} \tag{2-8}$$

② 对于不相交的有界集合 $B_1,B_2,\cdots,B_m,N(B_1),N(B_2),\cdots,N(B_m)$ 是相互独立的随机变量。

如果点的密度 $\lambda(x)$ 在所研究的空间上是恒定的,那么称该泊松点过程为齐次泊松点过程。

除二维平面上的点过程外,三维空间内、曲面上与球壳内的点过程也需要研究,这些研究可用于建模高空无人机、高空气球、低轨卫星等的分布,可参考本章文献[4,5]。本书给出齐次泊松过程在曲线、曲面和流形上的定义。定义 $|.|$ 为勒贝格测度,用于描述一维空间中的长度、二维空间中的面积、三维空间中的体积。

推论 2.1(曲线上的泊松点过程):曲线 C 上密度为 λ 的齐次泊松点过程满足以下两个性质。

① 对于曲线 C 上的一部分弧线 c 来说,c 上点的数量 $N(c)$ 服从均值为 $\lambda|c|$ 的泊松分

布，其中 $|c|$ 表示弧线 c 的弧长。即：

$$\Pr(N(c)=k)=\mathrm{e}^{-\lambda|c|}\frac{(\lambda|c|)^k}{k!} \tag{2-9}$$

② 如果 $c_1,c_2,\cdots,c_n$ 是互不相交的弧线，那么 $N(c_1),N(c_2),\cdots,N(c_n)$ 是相互独立的随机变量。

正则曲线可以用参数方程 $\boldsymbol{r}(t)=(x(t),y(t),z(t))$ 来表示，其中 $\boldsymbol{r}(t)$ 表示从原点指向曲线上参数值为 t 的点的向量。假设曲线上有一个弧长元素 $\mathrm{d}c$，根据推论 2.1，在 $\mathrm{d}c$ 上的点数的均值为：

$$\mathrm{d}N=\lambda\mathrm{d}c=\lambda\parallel\boldsymbol{r}'(t)\parallel_2\mathrm{d}t \tag{2-10}$$

其中，$\parallel.\parallel_2$ 表示向量的 2-范数，是向量中各元素的平方和的开方，即向量的模值。$\boldsymbol{r}'(t)$ 表示向量 $\boldsymbol{r}(t)$ 的导数。由此可以得到曲线上密度为 λ 的泊松点过程在一维直线上的等效密度为：

$$\lambda^e=\frac{\mathrm{d}N}{\mathrm{d}c}=\lambda\parallel\boldsymbol{r}'(t)\parallel_2 \tag{2-11}$$

推论 2.2（曲面上的泊松点过程）：曲面 S 上密度为 λ 的齐次泊松点过程满足以下两个性质。

① 对于曲面 S 上的一部分区域 s 来说，s 上点的数量 $N(s)$ 服从均值为 $\lambda|s|$ 的泊松分布，其中 $|s|$ 表示区域 s 的面积。即：

$$\Pr(N(s)=k)=\mathrm{e}^{-\lambda|s|}\frac{(\lambda|s|)^k}{k!} \tag{2-12}$$

② 如果 $s_1,s_2,\cdots,s_n$ 是互不相交的区域，那么 $N(s_1),N(s_2),\cdots,N(s_n)$ 是相互独立的随机变量。

正则曲面上的点可以用两个参数表示，其参数方程为：

$$\boldsymbol{r}(u,v)=(x(u,v),y(u,v),z(u,v)) \tag{2-13}$$

其中，$\boldsymbol{r}(u,v)$ 是一个从原点指向曲面上点 (u,v) 的向量。假设曲面上有一个面积微元 $\mathrm{d}s$，根据推论 2.2，$\mathrm{d}s$ 上点数的均值为：

$$\mathrm{d}N=\lambda\mathrm{d}s=\lambda\sqrt{EG-F^2}\mathrm{d}u\mathrm{d}v \tag{2-14}$$

其中，$E=\langle\boldsymbol{r}_u'(u,v),\boldsymbol{r}_u'(u,v)\rangle$，$F=\langle\boldsymbol{r}_u'(u,v),\boldsymbol{r}_v'(u,v)\rangle$，$G=\langle\boldsymbol{r}_v'(u,v),\boldsymbol{r}_v'(u,v)\rangle$，$\boldsymbol{r}_u'(u,v)$ 表示 $\boldsymbol{r}(u,v)$ 关于 u 的导数，$\langle*,*\rangle$ 表示向量内积。由此可以得到曲面上密度为 λ 的泊松点过程在二维平面 $u-v$ 上的等效密度为：

$$\lambda^e=\frac{\mathrm{d}N}{\mathrm{d}u\mathrm{d}v}=\lambda\sqrt{EG-F^2} \tag{2-15}$$

二维平面实际上是一个简单的二维流形，由此可以将泊松点过程推广到流形上。记一个 n 维流形为 M^n，假设 M^n 通过映射 $f:\mathbb{R}^n\rightarrow M^n$ 从 $\mathbb{R}^n$ 映射到流形 $M^n\subseteq\mathbb{R}^{n+1}$ 上。

推论 2.3（流形上的泊松点过程）：流形 M 上密度为 λ 的齐次泊松点过程满足以下两个性质。

① 对于流形 M 上的一块子流形 m 来说，m 上点的数量 $N(m)$ 服从均值为 $\lambda|m|$ 的泊松分布，其中 $|m|$ 表示子流形 m 的体积。即：

$$\Pr(N(m)=k)=\mathrm{e}^{-\lambda|m|}\frac{(\lambda|m|)^{k}}{k!} \tag{2-16}$$

② 如果 $m_1,m_2,\cdots,m_n$ 是互不相交的子流形,那么 $N(m_1),N(m_2),\cdots,N(m_n)$ 是相互独立的随机变量。

假设从 n 维欧氏空间 $\mathbb{R}^n$ 映射到流形 M^n 的映射函数为 $f(x_1,x_2,\cdots,x_n)$,则子流形微元 $\mathrm{d}m$ 上点数的均值为:

$$\mathrm{d}N=\lambda\mathrm{d}m=\lambda\sqrt{\det(\boldsymbol{Q})}\,\mathrm{d}x_1\mathrm{d}x_2\cdots\mathrm{d}x_n \tag{2-17}$$

其中,$\det(.)$ 表示矩阵的行列式,矩阵 $\boldsymbol{Q}$ 中的第 (i,j) 个元素为 $q_{ij}=\langle\frac{\partial f}{\partial x_i},\frac{\partial f}{\partial x_j}\rangle$。由此可以得到流形上密度为 λ 的泊松点过程在欧氏空间 $\mathbb{R}^n$ 上的等效密度:

$$\lambda^e=\frac{\mathrm{d}N}{\mathrm{d}x_1\mathrm{d}x_2\cdots\mathrm{d}x_n}=\lambda\sqrt{\det(\boldsymbol{Q})} \tag{2-18}$$

利用点过程对机器网络中的节点位置进行建模后,往往需要对网络上的干扰进行建模,并通过空间平均产生通信成功率等性能指标的平均值。此时的干扰往往是点过程上的函数,本节将介绍泊松点过程的概率生成泛函和 Campell 定理。

定理 2.1[3]（泊松点过程的概率生成泛函）

$$\mathrm{E}\left(\prod_{x\in\Phi}v(x)\right)=\exp\left(-\int_{\mathbb{R}^n}[1-v(x)]\lambda(x)\mathrm{d}x\right) \tag{2-19}$$

其中,$v(x)$ 表示点过程 Φ 上的函数。

定理 2.2[3]（Campell 定理）

$$\mathrm{E}\left(\sum_{x\in\Phi}f(x)\right)=\int_{\mathbb{R}^n}f(x)\lambda(x)\mathrm{d}x \tag{2-20}$$

其中,$f(x)$ 表示点过程 Φ 上的函数。

2.3　排　队　论

1. 简述

排队论(queuing theory)对服务对象的到来及服务时间进行研究,得出排队系统的性能指标,如等待时间、排队长度等,从而为服务系统的优化提供参考。排队论起源于对电话通信服务系统的研究,其创始人是丹麦工程师爱尔朗(A. K. Erlang)。近年来在移动通信系统、工业无线网络等领域均得到应用。例如,在移动通信系统中通过排队论建模 D2D (device to device)通信,优化了 D2D 中的资源分配,达到了降低网络时延和网络负载的效果。

2. 排队系统的表示

排队过程为各个顾客从顾客源出发,到达排队系统后首先依据排队规则进行排队,待服务机构空闲后接受服务。服务机构包含一个或多个服务台,服务台按照一定的规则进行服务,服务完成后,顾客就可以离开系统。排队过程如图 2-2 所示。

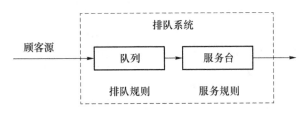

图 2-2　排队过程

一般用三个字母组成的符号 $X/Y/Z$ 表示排队模型,其中 X 表示顾客到达的时间间隔分布,Y 表示服务时间分布,Z 表示服务机构中服务台的个数。此外,排队模型还可以表示成 $X/Y/Z/A/B$,其中 A 表示系统容量,B 表示输入源中的顾客数。常见的分布类型的符号表示如表 2-1 所示。

表 2-1　分布类型的符号表示

符号名	符号说明
M	负指数分布
D	确定性分布
E_k	k 阶爱尔兰分布
H_k	k 阶超指数分布
G	一般分布
GI	一般独立的分布
PH	相位分布

3. 排队系统的分析

(1) 排队系统的主要指标

排队系统的性能指标可以从顾客和服务机构两个方面来研究[6],主要包括如下指标。

① 平均队长:指系统内顾客数(包括正被服务的顾客与排队等待服务的顾客)的数学期望,记作 L_s。

② 平均排队长:指系统内等待服务的顾客数的数学期望,记作 L_q。

③ 平均逗留时间:指顾客在系统内逗留时间(包括排队等待的时间和接受服务的时间)的数学期望,记作 W_s。

④ 平均等待时间:指一个顾客在排队系统中排队等待时间的数学期望,记作 W_q。

计算这些指标首先需要了解系统所处状态的概率。系统状态指系统中的顾客数,如果系统中有 n 个顾客,那么系统的状态就是 n,它的可能值是:

① 队长没有限制时,$n=0,1,2,\cdots$;

② 队长有限制,最大数为 N 时,$n=0,1,2,\cdots,N$;

③ 损失制,服务台个数是 c 时,$n=0,1,2,\cdots,c$,这些状态的概率一般随时刻 t 变化,时刻为 t、系统状态为 n 的概率用 $P_n(t)$ 表示,稳态时系统状态为 n 的概率用 P_n 表示。

表 2-2 运行指标的符号总结

符号名	符号说明
L_q	平均等待队长
L_s	平均队长
W_s	平均逗留时间
W_q	平均等待时间
P_n	系统状态为 n 的概率

（2）部分排队模型

A. 泊松过程

设 $[0,t]$ 时间内到达的顾客数 $X(t)$ 满足：

① $X(0)=0$；

② 任意时刻 t_1,t_2,t_3 满足 $X(t_3)-X(t_2)$ 与 $X(t_2)-X(t_1)$ 相互独立；

③ 任意时刻，$X(t)$ 值为 k 的概率为：

$$P\{X(t)=k\}=\mathrm{e}^{-\lambda t}\frac{(\lambda t)^k}{k!} \tag{2-21}$$

则称 $X(t)$ 满足泊松过程，其单位时间内到达的平均顾客数为 λ，$[0,t]$ 内到达的平均顾客数为 λt。

B. 状态转移概率

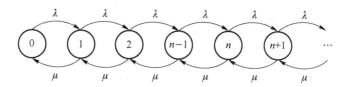

图 2-3 M/M/1/∞ 状态转移图

通过状态转移图可以更方便地分析状态转移概率。如图 2-3 所示，假设到达率和服务率分别为 λ 和 μ，当系统达到稳定状态后，对于状态 $n(n=0,1,2,\cdots)$，有：

$$\lambda P_{n-1}+\mu P_{n+1}=\lambda P_n+\mu P_n \tag{2-22}$$

对于初始状态有：

$$\lambda P_0=\mu P_1 \tag{2-23}$$

因此可以得到此系统的平衡方程：

$$\begin{cases} \lambda P_0=\mu P_1 \\ \lambda P_{n-1}+\mu P_{n+1}=\lambda P_n+\mu P_n, & n\geqslant 1 \end{cases} \tag{2-24}$$

由平衡方程可以推出状态概率为：

$$\begin{cases} P_0=1-\dfrac{\lambda}{\mu} \\ P_n=\left(\dfrac{\lambda}{\mu}\right)^n\left(1-\dfrac{\lambda}{\mu}\right), & n\geqslant 1 \end{cases} \tag{2-25}$$

设 ρ 为服务强度，满足 $\rho=\dfrac{\lambda}{\mu}$，且 $\rho<1$，则有：

$$\begin{cases} P_0 = 1 - \rho \\ P_n = \rho^n (1 - \rho), \quad n \geqslant 1 \end{cases} \tag{2-26}$$

其中，ρ 是平均到达率与平均服务率之比，并且也是平均服务时间与平均到达间隔时间之比，反映了系统的服务强度。由于 $\rho = 1 - P_0$，说明 ρ 也代表了系统不在空闲的概率，反映了系统的繁忙程度和利用率，因此 ρ 也被称为服务强度或者服务机构的利用率。

C. $M/M/1/\infty$ 模型

$M/M/1/\infty$ 模型指顾客到达的过程为泊松过程，服务时间服从负指数分布，服务系统中只有一个服务台的情况。设单位时间内服务的平均顾客数为 μ，则服务时间 t 的概率密度函数为：

$$f(t) = \mu e^{-\mu t}, \quad t > 0 \tag{2-27}$$

每个顾客接受服务的平均时间为 $\dfrac{1}{\mu}$。则有：

① 系统中的平均队长为：

$$L_s = \sum_{n=0}^{\infty} n P_n = (1 - \rho) \sum_{n=0}^{\infty} n \rho_n = \frac{\rho}{1 - \rho} = \frac{\lambda}{\mu - \lambda} \tag{2-28}$$

② 系统中的平均等待队长为：

$$L_q = \sum_{n=1}^{\infty} (n - 1) P_n = \frac{\rho^2}{1 - \rho} = \frac{\lambda^2}{\mu(\mu - \lambda)} \tag{2-29}$$

③ 顾客平均等待时间为：

$$W_q = \frac{1}{\mu - \lambda} - \frac{1}{\mu} = \frac{\lambda}{\mu(\mu - \lambda)} \tag{2-30}$$

④ 系统中顾客的平均逗留时间为：

$$W_s = \frac{1}{\mu - \lambda} \tag{2-31}$$

D. $M/M/m/\infty$ 模型

对于 $M/M/1/\infty$ 模型，其服务率与系统状态无关，仅和 μ 有关。而对于 $M/M/m/\infty$ 模型，其服务率为：

$$\begin{cases} n\mu, \quad n < m \\ m\mu, \quad n \geqslant m \end{cases} \tag{2-32}$$

服务强度 $\rho = \dfrac{\lambda}{m\mu}$，表示每个服务台单位时间内的平均负荷。

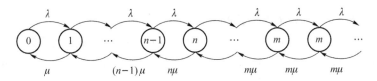

图 2-4　$M/M/m/\infty$ 状态转移图

根据状态转移图我们可以得到：

$$
\begin{cases}
\lambda P_0 = \mu P_1 \\
\lambda P_{n-1} + (n+1)\mu P_{n+1} = (\lambda + n\mu)P_n, \quad 1 \leqslant n \leqslant m \\
mn P_{n+1} + \lambda P_{n-1} = (\lambda + m\mu)P_n, \quad n > m
\end{cases} \tag{2-33}
$$

利用递推法解得上面的方程为:

$$
\begin{cases}
P_0 = \left[\displaystyle\sum_{n=0}^{m-1} \frac{(m\rho)^n}{n!} + \frac{(m\rho)^m}{m!(1-\rho)} \right]^{-1} \\
P_k = \begin{cases}
p_0 \dfrac{(m\rho)^n}{n!}, \quad n \leqslant m \\[2mm]
p_0 \dfrac{\rho^n m^m}{m!}, \quad n \geqslant m
\end{cases}
\end{cases} \tag{2-34}
$$

则有:

① 系统中的平均队长为:

$$
L_s = \sum_{n=0}^{\infty} n P_n = \left[\sum_{n=1}^{m-1} \frac{n(m\rho)^n}{n!} + \sum_{n=m}^{\infty} \frac{nm^m \rho^n}{m!} \right] P_0
$$

$$
= \left[\sum_{n=1}^{m-1} \frac{(m\rho)^n}{(n-1)!} + \frac{(m\rho)^m [\rho + m(1-\rho)]}{m!(1-\rho)^2} \right] P_0 \tag{2-35}
$$

② 系统中的平均等待队长为:

$$
L_q = \sum_{n=0}^{\infty} n \frac{(m\rho)^m \rho^n}{m!} = \frac{(m\rho)^m \rho}{m!(1-\rho)^2} P_0 = \frac{\rho P_m}{(1-\rho)^2} \tag{2-36}
$$

③ 顾客平均等待时间为:

$$
W_q = \frac{L_q}{\lambda} = \frac{\rho P_n}{\lambda (1-\rho)^2} \tag{2-37}
$$

④ 系统中顾客的平均逗留时间为:

$$
W_s = \frac{L_s}{\lambda} = \frac{\rho P_n}{\lambda (1-\rho)^2} + \frac{1}{\mu} \tag{2-38}
$$

除了上述指标外,时延抖动也是排队系统的重要性能指标。数据包以一定间隔从发送端离开时,因经不同时延导致到达接收端的时间间隔不同,因而产生了时延的抖动。时延抖动将在第 3 章 3.4 节具体分析。

本 章 习 题

1. 平均互信息的含义是什么？它可以为负吗？

2. 若某城市天气分为有雨和无雨两种情况,其实际天气情况和气象预报可以看成随机变量集合 X 和 Y,且联合概率为:P(有雨,有雨)$=1/8$,P(有雨,无雨)$=1/16$,P(无雨,有雨)$=3/16$,P(无雨,无雨)$=10/16$。试求:

(1) 气象预报的准确率;

(2) 气象预报所提供的关于天气情况的信息量。

3. 信息传输速率等价于什么？高可靠性和高有效性的信道编码是否存在？

4. 如何生成平面上的区域 $A = \{(x,y): x \in [x_{min}, x_{max}], y \in [y_{min}, y_{max}]\}$ 密度为 λ 的

齐次泊松点过程？

5. 如何生成半径为 r 的球面上区域

$$S=\{(r\sin\theta\cos\varphi,r\sin\theta\sin\varphi,r\cos\theta):\theta\in[\theta_{\min},\theta_{\max}],\varphi\in[0,2\pi]\}$$

密度为 λ 的齐次泊松点过程？

6. Φ 是 $\mathbb{R}$ 上密度为 λ 的齐次泊松点过程，求区间 $B_1=[0,4]$ 和 $B_2=[2,6]$ 上的概率 $P(\Phi(B_1)=n_1,\Phi(B_2)=n_2)$。

7. 排队论研究的问题是什么？其模型一般如何表示？

8. 某修理部门只有一位修理师傅，顾客到达服从泊松分布，平均到达时间间隔为 20 min，修理时间服从负指数分布，平均需要 12 min，求：

(1) 顾客到来不用等待的概率；

(2) 顾客在修理部门的平均逗留时间；

(3) 若顾客在修理部门的平均逗留时间超过 1 h，则公司会考虑增加修理师傅，问顾客平均到达率为多少时，顾客会增加修理师傅？

9. 某售票处有 4 个售票口，顾客按照泊松分布到达，平均每小时到达 20 位。4 个售票口的服务时间服从负指数分布，每售票窗口每小时服务 10 个顾客。求：

(1) 前来买票的顾客的平均等待时间；

(2) 顾客来买票时 4 个服务台都在工作时，顾客的平均等待时间。

本章参考文献

[1] 周炯磐,庞沁华,续大我,等. 通信原理[M]. 4 版. 北京:北京邮电大学出版社,2015.

[2] Polyanskiy Y,Poor H V,Verdú S. Channel coding rate in the finite blocklength regime[J]. IEEE Transactions on Information Theory,2010,56(5):2307-2359.

[3] Haenggi M. Stochastic geometry for wireless networks[M]. Cambridge University Press,2012:15-90.

[4] Gao Z,Wei Z,Wang Z,et al. Spectrum Sharing for High Altitude Platform Networks [C]//2019 IEEE/CIC International Conference on Communications in China (ICCC). IEEE,2019:411-415.

[5] Al-Hourani A. An analytic approach for modeling the coverage performance of dense satellite networks [J]. IEEE Wireless Communications Letters, 2021, 10 (4): 897-901.

[6] 孙荣恒. 排队论基础[M]. 北京:科学出版社,2002.

第3章 智能机器通信与网络性能分析

　　常用的度量智能机器网络的性能指标包括信道容量、网络容量、网络覆盖概率、时延及时延抖动等。信道容量主要包含单输入单输出（SISO）和多输入多输出（MIMO）信道容量，可以衡量通信的有效性。智能机器常采用无线自组织网络模式进行组网，无线自组织网络容量的推导极具挑战，本章将介绍 Xue Feng 与 P. R. Kumar 的成果。智能机器网络的重要性能指标是可靠性与时延，本章将初步介绍基于随机几何的空中网络覆盖概率分析，该部分内容来自哈尔滨工业大学（深圳）张驰亚副教授和澳大利亚新南威尔士大学张伟教授的研究成果。需要注意的是，网络可靠性的衡量指标比较多样化，比较常见的是传输的中断概率，定义为接收信干噪比（signal to interference plus noise ratio，SINR）低于某个阈值的概率，或者传输时延超出某个阈值的概率。最后，面向智能机器低时延、确定时序通信需求，本章介绍基于排队论的时延和时延抖动分析方法。

3.1 信道容量

3.1.1 SISO 信道容量

　　信道容量定义为信道能无差错传输的最大信息速率，单位为比特每秒或比特每符号。本节首先推导加性高斯白噪声信道（AWGN）的信道容量，并根据本章参考文献[1]中对信道容量的相关定义介绍了两种衰落信道容量，即遍历容量和中断容量。

1. 加性高斯白噪声信道的信道容量

　　根据加性高斯白噪声（additive white Gaussian noise，AWGN）信道的定义，有下式：

$$Y = X + Z \tag{3-1}$$

其中，X 是概率密度函数为 $p(x)$ 的输入符号，Z 是独立于 X 的 AWGN，是服从均值为 0、方差为 σ_n^2 的高斯分布的随机变量，信道转移概率为 $p(y|x)$。

　　信道容量定义为满足平均功率约束的输入符号和输出符号之间的最大互信息，表示为：

$$C = \max_{E(X^2) \leqslant P} I(X;Y) \tag{3-2}$$

　　由于 Z 独立于 X，可以得出信道转移概率 $p(y|x) = p(y-x) = p(z)$，因此 $h(Y|X) = h(Z)$，将其代入互信息 $I(X;Y)$ 表达式中可以得到：

$$\begin{aligned} I(X;Y) &= h(Y) - h(Y|X) \\ &= h(Y) - h(Z) \end{aligned} \tag{3-3}$$

由于 Z 服从高斯分布,所以有 $h(Z)=\frac{1}{2}\lg 2\pi e\sigma_n^2$,且 Y 的方差为:

$$D(Y)=D(X+Z)=E(X^2)+2E(X)E(Z)+E(Z^2)=\sigma_n^2+P \tag{3-4}$$

由限平均功率最大熵定理可得:$h(Y)\leqslant\frac{1}{2}\lg 2\pi e(P+\sigma_n^2)$,根据式(3-3)可以进一步推出最大互信息:

$$
\begin{aligned}
I(X;Y)&=h(Y)-h(Z)\\
&\leqslant\frac{1}{2}\lg 2\pi e(P+\sigma_n^2)-\frac{1}{2}\lg 2\pi e(\sigma_n^2)\\
&=\frac{1}{2}\lg\left(1+\frac{P}{\sigma_n^2}\right)
\end{aligned} \tag{3-5}
$$

由上式可见,互信息最大为 $\frac{1}{2}\lg\left(1+\frac{P}{\sigma_n^2}\right)$,则 AWGN 信道容量 C 为:

$$
\begin{aligned}
C&=\max_{E(X^2)\leqslant P} I(X;Y)\\
&=\frac{1}{2}\lg\left(1+\frac{P}{\sigma_n^2}\right)
\end{aligned} \tag{3-6}
$$

其中,方差 $E[X^2]$ 是信号的平均功率,$\frac{P}{\sigma_n^2}$ 是信噪比(signal-to-noise ratio,SNR)。在实际的通信系统中,符号会经过脉冲成形,变成模拟信号进行传输,从傅里叶级数展开和时域抽样角度,都会得到 $2TW$ 个子信道,其中 W 为系统带宽,T 为持续时间,因此 AWGN 信道容量的表达式为:

$$C=W\log_2\left(1+\frac{P}{\sigma_n^2}\right)=W\log_2\left(1+\frac{P}{WN_0}\right) \tag{3-7}$$

其中,$N_0/2$ 为噪声功率谱密度。信道容量的单位是 bit/s(bps),表示每秒能够传输的最大信息量。

2. 遍历容量与中断容量

遍历容量是指随机信道容量在所有可能衰落状态下的统计平均,而中断容量是在指定中断率下信道能达到的最大的恒定传输速率,中断率为深衰落的概率[1]。

(1) 遍历容量

对于最大平均功率已知的衰落信道,其遍历容量可以表示为:

$$C=\int_0^\infty B\log_2(1+\gamma)p(\gamma)\mathrm{d}\gamma \tag{3-8}$$

其中,B 为带宽,γ 为信噪比。由 Jensen 不等式,可以推导出:

$$
\begin{aligned}
E(B\lg(1+\gamma))&=\int B\lg(1+\gamma)p(\gamma)\mathrm{d}\gamma\\
&\leqslant B\lg(1+E(\gamma))=B\lg(1+\bar\gamma)
\end{aligned} \tag{3-9}
$$

其中,$\bar\gamma$ 为平均信噪比。与 AWGN 信道容量公式(3-7)对比可知,接收端已知信道状态信息时,衰落将使信道容量减小。

(2) 中断容量

对于快衰落信道,一般考虑遍历容量;而对于慢衰落信道,则一般考虑中断容量。信道的瞬时信噪比在一段传输时间内是恒定的,经过这段时间后将衰落变成另一个值。由于发送端不知道这段时间的信道衰落系数,仅知道其分布,因此只能以一个不依赖瞬时信噪比的速率传输,此时会有信道容量小于其传输速率的情况发生,即发生中断。

定义最小接收信噪比 $\gamma_{\min}$,发送端按照速率 $C=B\log_2(1+\gamma_{\min})$ 传输,若接收端的瞬时信噪比大于最小接收信噪比,则能够正确译码;若小于最小接收信噪比,则无法保证正确译码,我们称其为一次中断。因此,中断率为 $P_{\text{out}}=P(\gamma<\gamma_{\min})$,且接收正确数据的平均速率为 $C=(1-P_{\text{out}})B\log_2(1+\gamma_{\min})$。

3.1.2 MIMO 信道容量

MIMO 在发送端和接收端都使用多天线能够成倍地提高信道容量,信道容量的增长与天线数目的增加呈线性关系,相比于 SISO 信道容量,MIMO 信道容量的提高是可观的[2]。

图 3-1 为 MIMO 系统框图,具有 N_t 个发射天线和 N_r 个接收天线,因此时不变信道可以表示为 $\boldsymbol{H}\in\mathbb{C}^{N_t\times N_r}$,对于发射信号 $\boldsymbol{x}=[x_1,x_2,\cdots,x_{N_t}]^T\in\mathbb{C}^{N_t\times 1}$,其接收信号可以表示为:

$$y=\sqrt{\frac{E_x}{N_t}}Hx+z \tag{3-10}$$

其中,E_x 为一个符号周期的平均能量,$\boldsymbol{z}=[z_1,z_2,\cdots,z_{N_r}]^T\in\mathbb{C}^{N_r\times 1}$ 为噪声向量,服从均值为 0、方差为 σ_n^2 的循环对称复高斯分布,发射信号向量的自相关矩阵为 $\boldsymbol{R}_{xx}=E(\boldsymbol{x}\boldsymbol{x}^H)$,且矩阵的迹 $\text{tr}(\boldsymbol{R}_{xx})=N_t$。

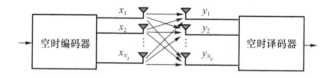

图 3-1 MIMO 系统模型图

根据 3.1 节可知,信道容量表达式为:

$$\begin{aligned}C&=\max_{f(x)}I(\boldsymbol{x};\boldsymbol{y})\\&=\max H(\boldsymbol{y})-H(\boldsymbol{z})\end{aligned} \tag{3-11}$$

$\boldsymbol{y}$ 的自相关矩阵可以表示为:

$$\begin{aligned}\boldsymbol{R}_{yy}&=E(\boldsymbol{y}\boldsymbol{y}^H)=E\left\{\left(\sqrt{\frac{E_x}{N_t}}\boldsymbol{H}\boldsymbol{x}+\boldsymbol{z}\right)\left(\sqrt{\frac{E_x}{N_t}}\boldsymbol{x}^H\boldsymbol{H}^H+\boldsymbol{z}^H\right)\right\}\\&=\frac{E_x}{N_t}E(\boldsymbol{H}\boldsymbol{x}\boldsymbol{x}^H\boldsymbol{H}^H+\boldsymbol{z}\boldsymbol{z}^H)\\&=\frac{E_x}{N_t}\boldsymbol{H}\boldsymbol{R}_{xx}\boldsymbol{H}^H+\sigma_n^2\boldsymbol{I}_{N_r}\end{aligned} \tag{3-12}$$

其中,$\boldsymbol{I}_{N_r}$ 为 $N_r\times N_r$ 维的单位矩阵。

为了使得熵 $H(\boldsymbol{y})$ 最大,$\boldsymbol{x}$ 和 $\boldsymbol{y}$ 也服从零均值循环对称复高斯分布,可以求得 $H(\boldsymbol{y})$ 和 $H(\boldsymbol{z})$ 分别为:

$$H(\boldsymbol{y})=\log_2(\det(\pi e\boldsymbol{R}_{yy})) \tag{3-13}$$

$$H(\boldsymbol{z})=\log_2(\det(\pi e\sigma_n^2\boldsymbol{I}_{N_r})) \tag{3-14}$$

因此,MIMO 信道容量可以表示为:

$$C = \max_{\mathrm{tr}(\boldsymbol{R}_{xx})=N_t} \log_2 \det\left(\frac{E_x}{N_t \sigma_n^2}\boldsymbol{H}\boldsymbol{R}_{xx}\boldsymbol{H}^{\mathrm{H}}+\boldsymbol{I}_{N_r}\right) \qquad (3\text{-}15)$$

其中，C 的单位为 bit/(s·Hz)。

多输入多输出-正交频分复用（multiple input multiple output - orthogonal frequency division multiplexing，MIMO-OFDM）技术在移动通信系统中占据重要地位。OFDM 技术可以解决多径衰落问题，将频率选择性多径衰落信道转换为平衰落信道。MIMO 技术可以提高信道容量，但无法解决频率选择性深衰落问题。而 MIMO 和 OFDM 技术的结合，可以同时实现高频谱效率和高可靠性，使得通信性能相应提升。

在 OFDM 系统中，频域信号经过 IDFT 变换转换为时域信号，加入循环前缀后经过信道（线性时不变系统），在接收端移除前缀，剩余信号经过 DFT 变换转换为频域信号。因此，OFDM 系统把宽带通信拆分成多个并行的窄带通信（并行的多个子信道），使信号并行地在各个窄带上传输。发送数据可以用 $\boldsymbol{x}_k = [x_k^1, x_k^2, \cdots, x_k^{N_t}]$ 来表示，x_k^i 表示第 k 个子载波上，第 i 个天线上的数据，$\boldsymbol{x}_k$ 的自相关矩阵为 $\boldsymbol{\Sigma}_k = E(\boldsymbol{x}_k \boldsymbol{x}_k^{\mathrm{H}})$，并且有 $H(\mathrm{e}^{\mathrm{j}2\pi k/N_c}) = \sum_{l=0}^{L} H_l \mathrm{e}^{-\mathrm{j}(2\pi/N_c)lk} \in \mathbb{C}^{N_r \times N_t}$，其中 $H(\mathrm{e}^{\mathrm{j}2\pi k/N_c})$ 为频域信道矩阵，N_c 为 OFDM 子载波数，H_l 为从 N_t 个发射天线到 N_r 个接收天线的第 l 径时域信道矩阵，因此第 k 个子载波上的接收数据可以表示为：

$$\boldsymbol{y}_k = H(\mathrm{e}^{\mathrm{j}2\pi k/N_c})\boldsymbol{x}_k + \boldsymbol{z}_k \qquad (3\text{-}16)$$

其中，$\boldsymbol{z}_k$ 为噪声向量，其元素服从均值为 0，方差为 σ_n^2 的高斯分布。若 $\boldsymbol{x} = [\boldsymbol{x}_1^{\mathrm{T}}, \boldsymbol{x}_2^{\mathrm{T}}, \cdots, \boldsymbol{x}_{N_c}^{\mathrm{T}}]$，$\boldsymbol{z} = [\boldsymbol{z}_1^{\mathrm{T}}, \boldsymbol{z}_2^{\mathrm{T}}, \cdots, \boldsymbol{z}_{N_c}^{\mathrm{T}}]$，$\boldsymbol{H} \in N_c N_r \times N_c N_t$ 为块对角阵，即：

$$\boldsymbol{H} = \mathrm{diag}\{H(\mathrm{e}^{\mathrm{j}2\pi k/N_c})\}, \quad k = 1, 2, \cdots, N_c \qquad (3\text{-}17)$$

其中，diag(·) 表示将元素置于主对角线上形成新的块对角矩阵。那么 MIMO-OFDM 系统表达式为：

$$\boldsymbol{y} = \boldsymbol{H}\boldsymbol{x} + \boldsymbol{z} \qquad (3\text{-}18)$$

其信道容量表达式为：

$$C = \max_{\mathrm{tr}(\boldsymbol{\Sigma})\leqslant P} \frac{1}{N_c}\log_2 \det\left(\frac{1}{\sigma_n^2}\boldsymbol{H}\boldsymbol{\Sigma}\boldsymbol{H}^{\mathrm{H}}+\boldsymbol{I}_{N_c N_r}\right) \qquad (3\text{-}19)$$

其中，$\boldsymbol{\Sigma} = \mathrm{diag}\{\Sigma_k\}$，$k = 1, 2, \cdots, N_c$，$P$ 为发送总功率。由于 $\boldsymbol{H}$ 和 $\boldsymbol{\Sigma}$ 均为块对角矩阵，因此上式还可以表示为：

$$C = \max_{\mathrm{tr}(\boldsymbol{\Sigma})\leqslant P} \frac{1}{N_c}\sum_{k=1}^{N_c} \log_2 \det\left(\frac{1}{\sigma_n^2}\boldsymbol{H}(\mathrm{e}^{\mathrm{j}2\pi k/N_c})\boldsymbol{\Sigma}_k \boldsymbol{H}(\mathrm{e}^{\mathrm{j}2\pi k/N_c})^H + \boldsymbol{I}_{N_c N_r}\right) \qquad (3\text{-}20)$$

3.2 自组织网络容量

3.2.1 概述

自组织（Ad Hoc）网络是一种移动通信和计算机网络相结合的网络，是移动计算机网络的一种，用户可以在 Ad Hoc 网络内移动且保持通信。Ad Hoc 网络的容量推导极具挑战，本节引入 Scaling Law 来度量 Ad Hoc 网络的容量[3]。模型中考虑了节点的空间分布、多址接入和路由的策略等。

3.2.2　研究模型的分类

（1）网络类型

① 任意网络（arbitrary network）：允许通过改变节点位置、调整路由策略优化网络性能。

② 随机网络（random network）：节点在一个区域内随机分布，通信的源节点及目的节点的选择是随机的。

（2）通信模型

① 协议模型（protocol model）：基于空间位置的通信模型。

假设节点 X_i 在第 m 个子信道向节点 X_j 发送信息，对于在这个子信道内同时传输的其他节点 X_k 来说，如果

$$|X_k - X_j| \geqslant (1 + \Delta) |X_i - X_j| \tag{3-21}$$

那么节点 X_i 的传输能够成功进行，且数据速率为 W（单位为 bit/s）。

② 物理模型（physical model）：基于功率限制与信噪比限制的通信模型，由于物理模型中的网络容量与协议模型中的一致，因此本节在推导网络容量时不采用物理模型。

3.2.3　基础网络结构

（1）容量的阶数表示法

Ad Hoc 网络的容量难以用精确解表示，因此可以采用趋势的方式进行表示。描述趋势的符号主要有三种。

定义 3.1　采用 O, Ω, Θ 三种符号描述趋势：

$$\exists c, N > 0, \forall n \geqslant N, f(n) \leqslant c \times g(n) \Leftrightarrow f(n) = O(g(n))$$
$$\exists c, N > 0, \forall n \geqslant N, f(n) \geqslant c \times g(n) \Leftrightarrow f(n) = \Omega(g(n)) \tag{3-22}$$
$$\exists c_1, c_2, N > 0, \forall n \geqslant N, c_1 \times g(n) \leqslant f(n) \leqslant c_2 \times g(n) \Leftrightarrow f(n) = \Theta(g(n))$$

其中：符号 O 表示上界的趋势，也可以称为上紧界；符号 Ω 表示下界的趋势，也可以称为下紧界；符号 Θ 表示目标函数自身的趋势，也可以称为精确界。下文中所有界限均沿用此定义。

（2）空间划分方式

假设整个二维平面是一个面积为 1 的正方形区域，将该正方形区域划分为多个小格子，如图 3-2 所示。网络中的 n 个节点在二维平面上均匀分布。每一个小格子的边长为 $s(n) = \sqrt{\dfrac{\lg n}{n}}$，这样的划分保证了在 n 趋于无穷时，每一个小格子内的节点数量都大于 0，小于或等于 $K\lg n$，其中 $K > 0$。事实上，Kumar 证明了，当 n 趋于 0 时，每一个格子内的节点数的阶数为 $\lg n$，即 $\Theta(\lg n)$。

同时，为了保证每一跳中，格子内的任意节点都可以向相邻格子中的节点发送信息，令

节点的传输范围为 $r(n) = 2\sqrt{2}s(n)$，这样即使是相邻格子中距离最远的两个节点，也能互相发送信息。

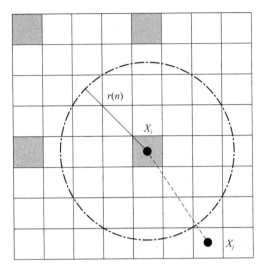

图 3-2　二维无线网络空间划分，X_i，X_j 分别为源节点与目的节点

（3）路由方式

网络的路由方式为：存在一个正整数 M，对于某个格子 $S_{i,j}$，所有同时传输的格子的集合 $C(k_1, k_2)$ 满足如下关系

$$C(k_1, k_2) = \{S_{i,j} : i\bmod M = k_1, j\bmod M = k_2\} \tag{3-23}$$

如图 3-2 所示，阴影区域表示可以同时传输的格子，图中 $M = 4$，即存在一个 $4 \times 4 = 16$ 的时分复用系统，一共有 16 个时隙供节点传输。每一个由 $4 \times 4 = 16$ 个小格子组成的格子组，通过轮询的方式在不同的时隙内分别传输，互相不影响。

对于每一个源节点 $X_i (1 \leqslant i \leqslant n)$，它将通过以下方式选择目的节点并传输信息：$X_i$ 随机选择位置 Y_i，然后 X_i 的目的节点为 $X_{\text{dest}(i)} = \{X_j \mid \min_{1\leqslant j\leqslant n} \|X_j - Y_i\|\}$，即选取距离 Y_i 最近的节点作为 X_i 的目的节点。令 L_i 表示连接 X_i 和 Y_i 的线段，信息将从源节点 X_i 通过多跳的方式传输给其目的节点 $X_{\text{dest}(i)}$，中继节点则选择那些与直线 L_i 相交的格子中的节点。

（4）容量的定义

对于一个分布在二维平面的 Ad Hoc 网络，本节以阶数的方式定义网络容量。

定义 3.2　存在确定的正常数 c, c'，若满足如下条件：

$$\begin{aligned} &\lim_{x \to \infty} P(\lambda(n) = cf(n)\text{可以实现}) = 1 \\ &\lim_{x \to \infty} P(\lambda(n) = c'f(n)\text{可以实现}) < 1 \end{aligned} \tag{3-24}$$

则定义网络容量为 $\lambda(n) = \Theta(f(n))$。

3.2.4　网络容量分析

本节初步推导 Ad Hoc 网络的容量下界，建议读者可以阅读 Kumar 等人的专著（本章参考文献[3]）了解网络容量上界和精确界的分析方法，以及更多网络模型下的容量分析方法,本节不一一阐述。

引理 3.1 对于源-目的节点间的连线 L_i 与格子 $S_{i,j}$ 相交的概率 p_1,存在常数 $c_4 > 0$ 使得

$$p_1 \leqslant c_4 \sqrt{\frac{\lg n}{n}} \tag{3-25}$$

证明:格子 $S_{i,j}$ 的外接圆半径为 $d_n = \dfrac{1}{\sqrt{2}} s_n = \sqrt{\dfrac{K \lg n}{2n}}$。假设源节点 X_i 与圆心的距离为 x。作 X_i 关于 $S_{i,j}$ 外接圆的两个切线,使得 $|X_iA| = |X_iB|$ 且 $|X_iC| = \sqrt{2}$,如图 3-3 所示,其中 C 是线段 AB 的中点。

如果点 Y_i 处于阴影部分,那么源-目的节点间的连线 L_i 一定会与格子 $S_{i,j}$ 相交。阴影部分的面积小于 1,也小于三角形的面积。三角形的面积为

$$S_{\text{triangle}} = \sqrt{2} \frac{\sqrt{2}}{\sqrt{(x+d_n)^2 - d_n^2}} < 2d_n / x \tag{3-26}$$

由于 X_i 服从均匀分布,X_i 与圆心的距离为 x 的概率的上界为 $c_6 \pi(x+d_n)$,其中 c_6 为常数。

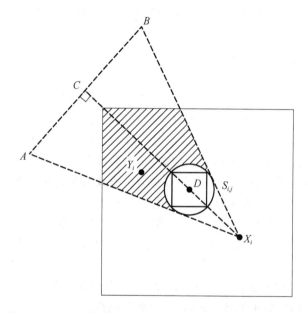

图 3-3 源-目的节点间的连线 L_i 与格子 $S_{i,j}$ 相交的概率 p_1

因此,对于源-目的节点间的连线 L_i 与格子 $S_{i,j}$ 相交的概率 p_1,我们有:

$$p_1 \leqslant \int_{d_n}^{\sqrt{2}} \left(\frac{2d_n}{x} \vee 1 \right) \times c_6 \pi(x+d_n) \, \mathrm{d}x$$

$$\leqslant c_4 \sqrt{\frac{\lg n}{n}} \tag{3-27}$$

其中,符号 $a \vee b$ 的含义是取 a,b 变量的较小者。

引理 3.1 可以扩展为如下引理。

引理 3.2　对于任意常数 $c_5 > c_4$，与格子 $S_{i,j}$ 相交的 L_i 的数目小于或等于 $c_5\sqrt{n\lg n}$。

证明　定义独立同分布随机变量 I_i，$1 \leq i \leq n$ 如下：

$$I_i = \begin{cases} 1 & (L_i \text{ 与 } S_{i,j} \text{ 相交}) \\ 0 & (L_i \text{ 与 } S_{i,j} \text{ 不相交}) \end{cases} \tag{3-28}$$

那么 $\Pr(I_i = 1) = p_1$，其中 p_1 为引理 3.1 推导出来的概率。

记 Z_n 为与 $S_{i,j}$ 相交的总路由数，那么有：

$$Z_n = I_1 + \cdots + I_n \tag{3-29}$$

根据切尔诺夫界（Chernoff Bound），对于任意正数 m 与 a，有：

$$\Pr(Z_n > m) \leq \frac{E e^{a Z_n}}{e^{am}} \tag{3-30}$$

由于 $1 + x \leq e^x$，可以推出：

$$E e^{a Z_n} = (1 + (e^a - 1)p)n \leq \exp(n(e^a - 1)p)$$
$$\leq \exp(c_4(e^a - 1)\sqrt{n\lg n}) \tag{3-31}$$

令 $m = c_5\sqrt{n\lg n}$，其中 $c_5 = c_4(e^a - 1)$，则

$$\Pr(Z_n > c_5\sqrt{n\lg n}) \leq \exp\sqrt{n\lg n}(c_4(e^a - 1) - ac_5) \tag{3-32}$$

由于 $c_5 > c_4$，可以找到一个足够小的 a，使得 $c_4(e^a - 1) - ac_5 = -\in < 0$，其中 $\in > 0$，故有：

$$\Pr(Z_n > c_5\sqrt{n\lg n}) < \exp(-\in\sqrt{n\lg n}) \tag{3-33}$$

因此，由联合界可得：

$$\Pr\left(\text{与某格子相交的路由数大于 } c_5\sqrt{n\lg n}\right)$$
$$\leq \sum_{k,j}\Pr(S_{i,j} \text{ 与超过 } c_5\sqrt{n\lg n} \text{ 个路由路径相交})$$
$$\leq \frac{1}{s_n^2}\exp(-\in\sqrt{n\lg n})$$
$$= \frac{n}{K\lg n}\exp(-\in\sqrt{n\lg n}) \tag{3-34}$$

等号右侧的值在 $n \to \infty$ 时趋于 0，证毕。∎

由路由方式可知，在每 M^2 个时隙中，每一个格子拥有一个时隙以 W（单位为 bit/s）的速率、r_n 的通信范围进行传输。因此每一个格子的传输速率为 $\frac{W}{M^2}$（单位为 bit/s）。

由引理 3.2 可知，每一个格子的传输速率小于 $\lambda(n)c_5\sqrt{n\lg n}$，其中 $\lambda(n)$ 为单节点容量，也就是单个节点发射的数据速率。因此我们有：

$$\lambda(n)c_5\sqrt{n\lg n} \geq \frac{W}{M^2} \tag{3-35}$$

因此，单节点容量的下界为：

$$\lambda(n) = \Omega\left(\frac{W}{\sqrt{n\lg n}}\right) \tag{3-36}$$

3.3 空中网络覆盖概率

网络覆盖概率是衡量机器网络可靠性的性能指标,它通常指机器之间的通信成功概率,被定义为 SINR 大于某个阈值的概率。由于干扰取决于路径损耗和衰落特性,而机器网络中节点的位置又是变化的,因此需要利用点过程对机器网络的位置进行建模,并用随机几何求解干扰的分布,进而通过空间平均求解网络覆盖率。本章参考文献[4]将无人机网络建模为三维空间中密度为 λ_d 的泊松点过程 Φ_d,该过程分布在一个三维空间 V 中,高度限制为 L,也就是 $V=\{(x,y,z):x,y\in\mathbb{R},z\in[0,L]\}$,并获取了无人机网络的覆盖率[3]。

无人机典型用户的接收 SINR 为

$$\mathrm{SINR}_d = \frac{P_d h_0 D^{-\alpha}}{N+\sum\limits_{x_i\in\Phi_d\backslash\{0\}}P_d h_i x_i^{-\alpha}} \tag{3-37}$$

其中,P_d 表示无人机的发射功率,N 表示噪声功率,小尺度衰落的功率增益 h_i 服从均值为 1 的指数分布,其概率密度函数为:

$$p(h_i)=\mathrm{e}^{-x}, \quad x>0 \tag{3-38}$$

其中,x 表示空中发射基站到典型用户之间的距离,D 是典型用户和典型空中基站之间的距离,α 是平均路径损耗指数。令 $I=\sum\limits_{x_i\in\Phi_d\backslash\{0\}}h_i x_i^{-\alpha}$,则无人机网络的覆盖率可以表示为:

$$\begin{aligned}
P(\mathrm{SINR}_d>\theta) &= P\left(\frac{h_0 D^{-\alpha}}{\frac{N}{P_d}+I}>\theta\right)\\
&= E_I\left[P\left(h_0>\theta D^{\alpha}\left(\frac{N}{P_d}+I\right)\bigg|I\right)\right]\\
&= \exp\left(-\theta D^{\alpha}\frac{N}{P_d}\right)L_I(\theta D^{\alpha})
\end{aligned} \tag{3-39}$$

其中,$L_I(\theta D^{\alpha})=E_I[\exp(-\theta D^{\alpha}I)]$ 为 $I=\sum\limits_{x_i\in\Phi_d\backslash\{0\}}h_i x_i^{-\alpha}$ 的拉普拉斯变换式,Φ_d 和 h_i 均为变量,可以进一步推导为:

$$L_I(\theta D^{\alpha})=E_{\Phi_d,h_i}\left[\prod_{x_i\in\Phi_d\backslash\{0\}}\exp(-\theta D^{\alpha}h_i x_i^{-\alpha})\right] \tag{3-40}$$

由于不同的无人机与典型用户之间的小尺度衰落 h_i 是独立同分布的,且与点过程 Φ_d 相互独立,因此可以交换对 h_i 和 Φ_h 求期望的顺序:

$$L_I(\theta D^{\alpha})=E_{\Phi_d}\left[\prod_{x_i\in\Phi_d\backslash\{0\}}E_{h_i}[\exp(-\theta D^{\alpha}h_i x_i^{-\alpha})]\right] \tag{3-41}$$

根据 h_i 的概率密度函数式(3-38),可以得到:

$$\begin{aligned}
E_{h_i}[\exp(-\theta D^{\alpha}h_i x_i^{-\alpha})] &= \int_0^{\infty}\exp(-(1+\theta D^{\alpha}x_i^{-\alpha})h_i)\mathrm{d}h_i\\
&= \frac{1}{1+\theta D^{\alpha}x_i^{-\alpha}}
\end{aligned} \tag{3-42}$$

根据第 2 章中的概率生成泛函公式,可以将式(3-41)化为:

$$L_I(\theta D^{\alpha})=\exp\left(-2\pi\lambda_d\int_0^L\int_0^{\infty}\left(1-\frac{1}{1+\theta D^{\alpha}(\sqrt{r^2+z^2})^{-\alpha}}\right)\mathrm{d}r\mathrm{d}z\right) \tag{3-43}$$

其中，$x_i = \sqrt{r^2 + z^2}$ 是圆柱坐标系下无人机与典型用户之间的距离。综上，可以得到无人机网络的覆盖率为：

$$P(\mathrm{SINR}_d > \theta) = \exp\left(-\theta D^\alpha \frac{N}{P_d}\right)\exp\left(-2\pi\lambda_d \int_0^L \int_0^\infty \frac{\theta D^\alpha r \left(\sqrt{r^2 + z^2}\right)^{-\alpha}}{1 + \theta D^\alpha \left(\sqrt{r^2 + z^2}\right)^{-\alpha}}\mathrm{d}r\mathrm{d}z\right)$$

(3-44)

3.4　地面网络中断概率、时延和时延抖动分析

3.4.1　中断概率

地面移动通信网络可以支持车辆、工业机器等智能机器的通信，本节讨论地面移动通信网络的中断概率、时延和时延抖动。地面网络中有多个基站（BS），BS 的集合可以表示为 ϕ_h，其位置分布服从密度为 λ_h 的均匀泊松点过程。每个 BS 服务 N_h 个用户设备（user equipment，UE），并且 UE 均匀分布在每个 BS 的服务范围内。对于地面网络，通信成功的概率是一个关键性能指标，它被定义为接收机处的 SINR 大于某个阈值的概率[5,6]。相反地，中断概率是接收机的 SINR 小于此阈值的概率。

典型 UE 的 SINR 可以表示为：

$$\gamma_h = \frac{P_h x_0^{-\alpha} h_0}{\sum\limits_{i \in \phi_h \backslash \{0\}} P_h x_i^{-\alpha} h_i + \dfrac{NB_h}{N_h}}$$

(3-45)

其中：P_h 是 BS 的发射机功率；x_0 是距离典型 UE 最近的 BS 与典型 UE 之间的距离；x_i 是典型 UE 和第 i 个 BS 之间的距离，本节假设典型 UE 与 BS 之间的小尺度衰落为瑞利衰落，典型 UE 与第 i 个 BS 通信时的信道增益 h_i 服从均值为 1 的负指数分布，其概率密度函数为 $p(h_i) = \mathrm{e}^{-x}, x > 0$；$N$ 是噪声功率谱密度；α 是路径损耗因子。

根据定义，典型 UE 通信成功的概率 P_{suc} 表示为：

$$P_{\mathrm{suc}} = P(\gamma_h > \theta_h)$$

(3-46)

其中，θ_h 是 SINR 的阈值。则通信中断概率 P_{out} 为：

$$P_{\mathrm{out}} = 1 - P(\gamma_h > \theta_h)$$

(3-47)

令 $I_h = \sum\limits_{i \in \phi_h \backslash \{0\}} x_i^{-\alpha} h_i$，其拉普拉斯变换为 $L_{I_h}(x_0^\alpha \theta_h)$，则通信成功概率为[5,6]：

$$P_{\mathrm{suc}} = P\left(\frac{P_h x_0^{-\alpha} h_0}{\sum\limits_{i \in \phi_h \backslash \{0\}} P_h x_i^{-\alpha} h_i + \dfrac{NB_h}{N_h}} > \theta_h\right)$$

$$= \exp\left(-x_0^\alpha \theta_h \frac{NB_h}{N_h P_h}\right) \cdot L_{I_h}(x_0^\alpha \theta_h)$$

(3-48)

下面推导 $L_{I_h}(x_0^\alpha \theta_h)$ 的具体表达式。

以典型 UE 的位置为原点建立二维坐标系，将地面网络中 BS 的位置表示成极坐标形式。则典型 UE 的坐标为 $(0,0)$，平面内任意一个 BS 的坐标可以表示为 $(r\cos\theta, r\sin\theta)$，其

中 r 为 BS 到典型 UE 的距离,θ 为 BS 与 UE 的连线与极坐标轴的夹角。由于 BS 的分布密度为 λ_h,通过坐标转换后面积微元 dS 中的 BS 数量可以表示为:

$$dN = \lambda_h \, dS = \lambda_h r \, dr d\theta \tag{3-49}$$

则 BS 的等效密度为:

$$\lambda_e = \frac{dN}{dr d\theta} = \lambda_h r \tag{3-50}$$

因为 BS 到典型 UE 的距离为:

$$x_i = \sqrt{(r\cos\theta)^2 + (r\sin\theta)^2} = r \tag{3-51}$$

所以 $L_{I_h}(x_0^\alpha \theta_h)$ 可以表示为:

$$
\begin{aligned}
L_{I_h}(x_0^\alpha \theta_h) &= E_{I_h}\left[\exp(-x_0^\alpha \theta_h I_h)\right] \\
&= E_{\Phi_h, h_i}\left[\prod_{i/0} \exp(-x_0^\alpha \theta_h x_i^{-\alpha} h_i)\right] \\
&= E_{\Phi_h}\left[\prod_{i/0} \frac{1}{1 + x_0^\alpha \theta_h x_i^{-\alpha}}\right] \\
&= E_{\Phi_h}\left[\prod_{i/0} \frac{1}{1 + x_0^\alpha \theta_h r^{-\alpha}}\right]
\end{aligned} \tag{3-52}
$$

基于第 2 章中的概率生成泛函公式,上式可以进一步表示为[5]:

$$
\begin{aligned}
L_{I_h}(x_0^\alpha \theta_h) &= \exp\left[-\int_0^{2\pi}\int_0^\infty \left(1 - \frac{1}{1 + x_0^\alpha \theta_h r^{-\alpha}}\right) \cdot \lambda_h \cdot r \, dr d\theta\right] \\
&= \exp\left[-\lambda_h \frac{2\pi^2 x_0^2 \theta_h^{\frac{2}{\alpha}}}{\alpha \sin\left(\frac{2\pi}{\alpha}\right)}\right]
\end{aligned} \tag{3-53}
$$

因此,典型 UE 通信成功的概率可以表示为:

$$P_{\text{suc}} = \exp\left[-x_0^\alpha \theta_h \frac{NB_h}{N_h P_h} - \lambda_h \frac{2\pi^2 x_0^2 \theta_h^{\frac{2}{\alpha}}}{\alpha \sin\left(\frac{2\pi}{\alpha}\right)}\right] \tag{3-54}$$

地面网络的中断概率为:

$$P_{\text{out}} = 1 - \exp\left[-x_0^\alpha \theta_h \frac{NB_h}{N_h P_h} - \lambda_h \frac{2\pi^2 x_0^2 \theta_h^{\frac{2}{\alpha}}}{\alpha \sin\left(\frac{2\pi}{\alpha}\right)}\right] \tag{3-55}$$

3.4.2 时延和时延抖动

对于机器通信网络,确保数据的实时传输是重要的目标之一。因此,通信的时延和时延抖动是关键性能指标。其中,时延是指数据包从基站到 UE 传输所经历的时间[7],时延抖动有多种定义,本节采用的定义为时延的方差[8]。

在本节中,UE 的集合表示为 Φ_m,其位置分布服从密度为 λ_{mu} 的齐次泊松点过程,每个 BS 服务 N_m 个 UE。

当 UE 与 BS 进行通信时,每个 UE 被分配带宽为 $\frac{B_m}{N_m}$ 的频谱,UE 接收的信号包含来自 BS 的有用信号以及噪声。UE 的信噪比可以表示为:

$$\gamma_m = \frac{P_m N_m y_0^{-\alpha} g_0}{N B_m} \tag{3-56}$$

典型 UE 与 BS 通信时的信道容量可以表示为：

$$C_m = \frac{B_m}{N_m} \log_2(1 + \gamma_m) \tag{3-57}$$

则数据包的传输时延表达式为：

$$T_{ms} = \frac{U_m}{C_m} = \frac{U_m N_m}{B_m \log_2(1 + \gamma_m)} \tag{3-58}$$

将 γ_m 的表达式代入可得 UE 的传输时延为：

$$T_{ms} = \frac{U_m N_m}{B_m \log_2\left(1 + \dfrac{P_m N_m y_0^{-\alpha} g_0}{N B_m}\right)} \tag{3-59}$$

其中，U_m 是 BS 发送给典型 UE 的数据包的大小，B_m 是通信带宽，P_m 是 BS 的发射功率，y_0 是典型 UE 到 BS 的距离，g_0 是典型 UE 与 BS 通信时的信道增益，服从均值为 1 的负指数分布。N 是噪声功率谱密度，α 是路径损耗因子。

在本节，BS 处的排队系统被建模为 $M/G/1$ 排队模型，即数据包到达 BS 缓冲队列的时间服从到达率为 λ_{md} 的泊松过程，假设数据包的服务原则为先到先服务。因为在实际通信场景中，数据包的传输时延并不是无限的，所以若其传输时延大于设定的阈值 t_{out}，则视为传输失败。

在 $M/G/1$ 排队模型中，数据包的等待时延为[9]：

$$E(T_{mw}) = \frac{\lambda_{md} E\left[T_{ms}^2\right]}{2(1 - \rho_m)} \tag{3-60}$$

其中，$E\left[T_{ms}^2\right]$ 是传输时延的二阶矩，ρ_m 是荷载强度，ρ_m 可以表示为

$$\rho_m = \lambda_{md} E\left[T_{ms}\right] \tag{3-61}$$

其中，$E\left[T_{ms}\right]$ 是传输时延的一阶矩，即平均传输时延。

传输时延的矩可以用以下公式表示：

$$\begin{aligned}
E[T_{ms}^i] &= E[T_{ms}^i \mid T_{ms} < t_{out}] P(T_{ms} < t_{out}) + E[T_{ms}^i \mid T_{ms} \geqslant t_{out}] P(T_{ms} \geqslant t_{out}) \\
&= E[T_{ms}^i \mid T_{ms} < t_{out}] F_{T_{ms}}(t_{out}) + t_{out}^i (1 - F_{T_{ms}}(t_{out}))
\end{aligned} \tag{3-62}$$

其中，$i=1$ 表示传输时延的一阶矩，$i=2$ 表示传输时延的二阶矩。

因此，基站下行链路通信中的数据包经历的总时延表示为：

$$T_m = t_{out} - \int_0^{t_{out}} F_{T_{ms}}(t)\,dt + \frac{\lambda_{md}\left(t_{out}^2 - 2\int_0^{t_{out}} t F_{T_{ms}}(t)\,dt\right)}{2\left(1 - \lambda_{md}\left(t_{out} - \int_0^{t_{out}} F_{T_{ms}}(t)\,dt\right)\right)} \tag{3-63}$$

机器网络的时延抖动表示为：

$$\begin{aligned}
J_m ={}& t_{out}^2 - 2\int_0^{t_{out}} t F_{T_{ms}}(t)\,dt - \left(t_{out} - \int_0^{t_{out}} F_{T_{ms}}(t)\,dt\right)2 \\
&+ \left(\frac{\lambda_{md}\left(t_{out}^2 - 2\int_0^{t_{out}} t F_{T_{ms}}(t)\,dt\right)}{2\left(1 - \lambda_{md}\left(t_{out} - \int_0^{t_{out}} F_{T_{ms}}(t)\,dt\right)\right)}\right)^2 + \frac{\lambda_{md}\left(t_{t_{out}}^3 - 3\int_0^{t_{out}} t^2 F_{T_{ms}}(t)\,dt\right)}{2\left(1 - \lambda_{md}\left(t_{out} - \int_0^{t_{out}} F_{T_{ms}}(t)\,dt\right)\right)}
\end{aligned} \tag{3-64}$$

其中，$F_{T_{ms}}(t)$ 是传输时延的累积分布函数，由传输时延 T_{ms} 的表达式（3-58）可知，$F_{T_{ms}}(t)$ 的

函数表达式为：

$$F_{T_{ms}}(t) = P\left(\frac{U_m N_m}{B_m \log_2(1+\gamma_m)} < t\right)$$

$$= P\left(\gamma_m > 2^{\frac{U_m N_m}{B_m t}} - 1\right)$$

$$= \exp\left(-y_0^\alpha \left(2^{\frac{U_m N_m}{B_m t}} - 1\right)\frac{NB_m}{P_m N_m}\right) \tag{3-65}$$

时延和时延抖动的公式推导如下。

当数据包的传输时延小于设定的阈值 t_{out}，即 $T_{ms} < t_{\text{out}}$ 时，数据包被成功传输的传输时延用 $\bar{T}_{ms}$ 表示，其累积分布函数可以表示为：

$$P(\bar{T}_{ms} \mid T_{ms} < t_{\text{out}})$$

$$= \frac{P(\bar{T}_{ms}, T_{ms} < t_{\text{out}})}{P(T_{ms} < t_{\text{out}})}$$

$$= \frac{P(\bar{T}_{ms}, T_{ms} < t_{\text{out}})}{F_{T_{ms}}(t_{\text{out}})} \tag{3-66}$$

$\bar{T}_{ms}$ 的概率密度函数为：

$$f_{\bar{T}_{ms}}(t) = \frac{f_{T_{ms}}(t)}{F_{T_{ms}}(t_{\text{out}})}, \quad 0 \leqslant t \leqslant t_{\text{out}} \tag{3-67}$$

当数据包被成功传输时，传输时延的一阶矩可以表示为：

$$E[T_{ms} \mid T_{ms} < t_{\text{out}}] = \int_0^{t_{\text{out}}} t f_{\bar{T}_{ms}}(t)\,dt$$

$$= \frac{1}{F_{T_{ms}}(t_{\text{out}})}\left(t_{\text{out}} F_{T_{ms}}(t_{\text{out}}) - \int_0^{t_{\text{out}}} F_{T_{ms}}(t)\,dt\right) \tag{3-68}$$

当数据包被成功传输时，传输时延的二阶矩可以表示为：

$$E[T_{ms}^2 \mid T_{ms} < t_{\text{out}}] = \int_0^{t_{\text{out}}} t^2 f_{\bar{T}_{ms}}(t)\,dt$$

$$= \frac{1}{F_{T_{ms}}(t_{\text{out}})}\left(t_{\text{out}}^2 F_{T_{ms}}(t_{\text{out}}) - 2\int_0^{t_{\text{out}}} t F_{T_{ms}}(t)\,dt\right) \tag{3-69}$$

代入式(3-62)中可以得到传输时延的一阶矩为：

$$E[T_{ms}] = t_{\text{out}} - \int_0^{t_{\text{out}}} F_{T_{ms}}(t)\,dt \tag{3-70}$$

同理，传输时延的二阶矩为：

$$E[T_{ms}^2] = t_{\text{out}}^2 - 2\int_0^{t_{\text{out}}} t F_{T_{ms}}(t)\,dt \tag{3-71}$$

传输时延的三阶矩为：

$$E[T_{ms}^3] = t_{\text{out}}^3 - 3\int_0^{t_{\text{out}}} t^2 F_{T_{ms}}(t)\,dt \tag{3-72}$$

根据式(3-60)，可以得到数据包传输前的平均等待时延为：

$$E(T_{mw}) = \frac{\lambda_{md}\left(t_{\text{out}}^2 - 2\int_0^{t_{\text{out}}} t F_{T_{ms}}(t)\,dt\right)}{2\left(1 - \lambda_{md}\left(t_{\text{out}} - \int_0^{t_{\text{out}}} F_{T_{ms}}(t)\,dt\right)\right)} \tag{3-73}$$

由式(3-70)和式(3-71)可以得到传输时延的方差为：

$$D(T_{ms}) = t_{\text{out}}^2 - 2\int_0^{t_{\text{out}}} tF_{T_{ms}}(t)\,\mathrm{d}t - \left(t_{\text{out}} - \int_0^{t_{\text{out}}} F_{T_{ms}}(t)\,\mathrm{d}t\right)^2 \tag{3-74}$$

在 $M/G/1$ 排队模型中，数据包等待时延的方差为[9]：

$$D(T_{mw}) = \left[E(T_{mw})\right]^2 + \frac{\lambda_{md}E(T_{ms}^3)}{3(1-\rho_m)} \tag{3-75}$$

将式(3-72)代入式(3-75)，可以进一步得到传输时延的方差为：

$$D(T_{mw}) = \left(\frac{\lambda_{md}\left(t_{\text{out}}^2 - 2\int_0^{t_{\text{out}}} tF_{T_{ms}}(t)\,\mathrm{d}t\right)}{2\left(1 - \lambda_{md}\left(t_{\text{out}} - \int_0^{t_{\text{out}}} F_{T_{ms}}(t)\,\mathrm{d}t\right)\right)}\right)^2 + \frac{\lambda_{md}\left(t_{\text{out}}^3 - 3\int_0^{t_{\text{out}}} t^2F_{T_{ms}}(t)\,\mathrm{d}t\right)}{2\left(1 - \lambda_{md}\left(t_{\text{out}} - \int_0^{t_{\text{out}}} F_{T_{ms}}(t)\,\mathrm{d}t\right)\right)} \tag{3-76}$$

根据时延定义，基站下行链路通信中的数据包经历的总时延可以表示为：

$$T_m = E[T_{ms}] + E[T_{mw}] \tag{3-77}$$

将式(3-70)和式(3-73)代入式(3-77)可得总时延表达式(3-63)。

根据时延抖动的定义，机器网络的时延抖动可以表示为：

$$J_m = D(T_{ms}) + D(T_{mw}) \tag{3-78}$$

将式(3-74)和式(3-76)代入式(3-78)可得时延抖动表达式(3-64)。

由上述时延和时延抖动的公式可以得出，数据包到达率较高时，时延和时延抖动都会增加；当发射功率较大时，时延和时延抖动都会减小。

本 章 习 题

1. 信道容量的定义是什么？什么是遍历容量？什么是中断容量？

2. 基于 AWGN 信道容量的表达式(3-7)，当带宽 $W \to \infty$ 时，求信道容量 C 关于 P 的函数。

3. 如果 3.3 节中无人机网络分布在三维空间的半径为 r 的球面上，也就是 $S = \{(r\sin\theta\cos\varphi, r\sin\theta\sin\varphi, rvos\theta) : \theta \in [\theta_{\min}, \theta_{\max}], \varphi \in [0, 2\pi]\}$，求此时无人机网络的覆盖率。

4. 如果 3.3 节中无人机网络与典型用户之间的距离 D 不是固定值，而是将随机生成的高度为 D 的平面上的无人机网络中与典型用户之间最近的无人机当作典型无人机，该如何推导无人机网络的覆盖率？

5. 请写出 3.4.2 小节中 Φ_m 的位置分布表达式。

6. 根据时延抖动的含义，是否还能想出其他可以表示时延抖动的方法？

7. 时延抖动是否会受到时延的影响？是否可以通过降低时延来减少时延抖动？

本章参考文献

[1] Goldsmith A. Wireless communications [M]. England：Cambridge university press,2005.

［2］　李莉. MIMO-OFDM 系统原理,应用及仿真［M］.北京：机械工业出版社,2014.

［3］　Xue F,Kumar P R. Scaling Laws for Ad Hoc Wireless Networks：an Information Theoretic Approach［J］. Foundations and Trends® in Networking,2006,1（2）：16-47.

［4］　Zhang C,Zhang W. Spectrum sharing for drone networks［J］. IEEE Journal on Selected Areas in Communications,2016,35（1）：136-144.

［5］　Zhang C,Zhang W. Spectrum sharing in drone small cells［C］// 2016 IEEE Global Communications Conference (GLOBECOM),Washington, DC, USA, 2016：1-6.

［6］　Wei Z, Zhu J, Guo Z,et al. The Performance Analysis of Spectrum Sharing Between UAV Enabled Wireless Mesh Networks and Ground Networks［J］. IEEE Sensors Journal, 2020,21(5)；7034-7045.

［7］　Benvenuto N,Zorzi M. Principles of Communications Networks and Systems［M］. USA：WILEY,2011.

［8］　Rayes A, Salam S . Internet of Things From Hype to Reality - The Road to Digitization［M］. Berlin：Springer International Publishing,2017.

［9］　Ross S M. Introduction to probability models ［M］. Hoboken：Academic press,2014.

第4章 面向智能机器的通信技术

无人驾驶、车联网、工业自动化等智能机器应用正在逐渐发展[1]，智能机器具有数据量小、对端到端时延和可靠性要求严苛等特点。超可靠低时延通信(ultra-reliable low-latency communication，URLLC)是5G的三大应用场景之一，也是对时延和可靠性要求最严格的一类应用服务，用户面端到端时延不超过1 ms和可靠性达到99.999%是URLLC场景的基本目标[2]。因此，URLLC系统受到越来越多的重视[3]。面向URLLC场景的物理层设计具有很大的挑战性，这是因为URLLC需要同时满足两个相互矛盾的要求，即超高可靠性和低时延。为了实现高可靠低时延需要多种技术的支持，本章将从天线技术、复用技术、编码技术、抗干扰技术以及帧结构设计等方面介绍面向智能机器的通信技术。

4.1 天 线 技 术

为提升通信系统的可靠性和有效性，多输入多输出(multiple-input multiple-output，MIMO)技术被广泛研究[4-6]。

MIMO技术是指在发射端和接收端分别使用多天线，使信号通过发射端与接收端的多天线发射和接收，利用分集、复用等技术提升通信的可靠性和有效性。MIMO充分利用空间资源，通过多天线实现多发多收，在不增加频谱资源和发射功率的情况下，可以成倍地提升信道容量和可靠性。

MIMO的实现过程如图4-1所示，发射机通过空时映射将要发送的数据信号 $x \in \mathbb{C}^{N_T \times 1}$ 映射到 N_T 根天线上发送出去，接收端将 N_R 根天线的接收信号 $y \in \mathbb{C}^{N_R \times 1}$ 进行空时译码从而恢复出发射机发送的信号。根据空时映射方法的不同，MIMO技术大致可以分为两类：空间分集和空间复用。

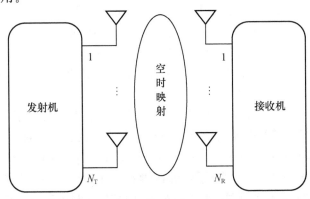

图 4-1　MIMO 系统框图

空间分集是指利用多根发送天线将同样的数据通过不同的路径发送出去,在接收端可以获得同一个数据符号的多个独立衰落的信号,从而获得空间分集,以提高接收可靠性。空间复用是指利用 N_T 根发射天线同时发送多个独立的数据流,从而使得容量随着天线数量的增加而增加。这种信道容量的增加不需要占用额外的带宽,也不需要消耗额外的发射功率。因此,空间复用是一种提高系统信道容量的有效手段。

MIMO 技术主要有以下特点。

（1）发送的无线电信号被反射时,会产生多份信号。每份信号都是一个空间数据流。使用单输入单输出（SISO）的系统一次只能发送或接收一个空间数据流。MIMO 允许多天线同时发送和接收多个空间数据流。MIMO 技术使得空间成为一种可以用于提高通信性能的资源,具有革命性的意义。

（2）MIMO 允许发射机和接收机同时发射和接收多个空间数据流,信道容量随着天线数量的增多而增大,因此 MIMO 技术极大地提高了无线信道容量,在不增加带宽和天线发射功率的条件下,频谱利用率极大提升。

（3）利用 MIMO 技术提供的空间分集增益,可以显著克服信道的衰落,降低误码率;利用 MIMO 技术提供的空间复用增益,使得并行数据流可以同时传输,提高通信的有效性。

4.2 复用技术

4.2.1 OFDM 技术

正交频分复用（orthogonal frequency division multiplexing,OFDM）技术最早用于军用无线高频通信系统,然而采用该技术的系统的结构非常复杂,限制了其广泛应用。直到二十世纪七八十年代,学术界相继提出利用傅里叶变换实现 OFDM 等方法,形成了目前的 OFDM 技术框架。

OFDM 信号的频谱效率高,能对抗频率选择性衰落或窄带干扰,有效地对抗符号间干扰,适用于多径环境和衰落信道中的高速数据传输。同时 OFDM 雷达信号具有良好的脉冲压缩特性,可以提供很高的多普勒容限,而且没有多普勒-距离耦合现象,能够实现独立的不模糊距离、多普勒处理,进行高性能的目标测距、测速。因此,OFDM 信号在智能机器通信和感知中都有极大的优势。本书第 8 章将介绍基于 OFDM 信号的雷达感知算法。

本节关于 OFDM 符号和子载波正交性的内容主要参考孙宇彤所著的《LTE 教程:原理与实现》（第 3 版）[7]。本节所总结的 OFDM 的优势主要围绕本章参考文献[8-10]总结概括。下面简要介绍 OFDM 技术内容。

如图 4-2 所示,OFDM 将频域划分为 N 个重叠但又相互正交的子信道,然后将串行数据流分解成 N 个并行的子数据流,分别调制到 N 个子信道上进行传输。在发射端可以采用快速傅里叶逆变换（inverse fast fourier transform,IFFT）来实现 OFDM 的调制,其中每个子载波的调制方式可以选择多进制相移键控（MPSK）或者多进制正交幅度调制（MQAM）。在 5G 移动通信系统中,为了提升频谱效率,可利用高阶 MQAM。

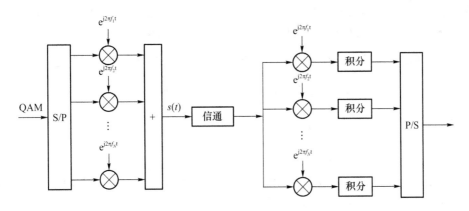

图 4-2　OFDM 系统调制解调框图

变量 T 表示 OFDM 符号的宽度，$d_i(i=0,1,\cdots,N-1)$ 是分配给每个子信道的数据符号，且 $f_i=f_c+i/T(i=0,1,\cdots,N-1)$，那么从 $t=t_s$ 开始的 OFDM 符号就可以表示为：

$$s(t)=\begin{cases}\sum_{i=0}^{N-1}d_i\exp\left[\text{j}2\pi\left(f_c-\dfrac{i}{T}\right)(t-t_s)\right], & t_s\leqslant t\leqslant t_s+T\\ 0, & t<t_s,\quad t>t_s+T\end{cases} \tag{4-1}$$

为了便于以后的理论分析和推导，通常采用下面的等效基带信号来描述 OFDM 的输出信号：

$$s(t)=\sum_{i=0}^{N-1}d_i\exp\left[\text{j}2\pi\dfrac{i}{T}(t-t_s)\right], \quad t_s\leqslant t\leqslant t_s+T \tag{4-2}$$

多路调制数据调制在不同的子载波上之后叠加，形成一个 OFDM 符号。每个 OFDM 符号都可以承载多路信息，这些信息以基波为周期发生变化（OFDM 符号的时长为基波周期[7]），其中基波是指周期最长、频率最低的子载波。OFDM 的子载波可以灵活选定。图 4-3 为 OFDM 符号生成的示意图，由 4 个正交子载波 $\sin x,\sin 2x,\sin 3x,\sin 4x$ 在基波 $\sin x$ 的一个周期内的叠加，得到图中黑色的叠加波形，即为一个 OFDM 符号。

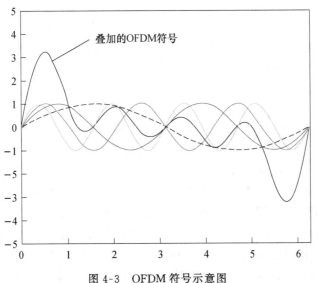

图 4-3　OFDM 符号示意图

在接收端,将接收到的同相和正交分量逆映射成数据信息,从而完成子载波解调。具体的第 k 路子载波信号的解调过程为:将接收信号与第 k 路的解调载波 $\mathrm{e}^{-\mathrm{j}2\pi f_i t}$ 相乘,然后将得到的结果在 OFDM 符号的持续时间 T 内进行积分,就可获得恢复的发送信号 $\hat{d}_i$,即:

$$
\begin{aligned}
\hat{d}_i &= \frac{1}{T} \int_{t_s}^{t_s+T} \mathrm{e}^{-\mathrm{j}2\pi \frac{i}{T}(t-t_s)} \sum_{k=0}^{N-1} d_k \mathrm{e}^{-\mathrm{j}2\pi \frac{k}{T}(t-t_s)} \, \mathrm{d}t \\
&= \frac{1}{T} \sum_{k=0}^{N-1} d_k \int_{t_s}^{t_s+T} \mathrm{e}^{\mathrm{j}2\pi \frac{k-i}{T}(t-t_s)} \, \mathrm{d}t \\
&= d_i
\end{aligned}
\tag{4-3}
$$

之所以叠加后的子载波在接收端能够正确地被解调出来,是因为子载波是相互正交的,而子载波正交需要满足下列 4 个条件[7]:

条件 1 子载波是正弦波或余弦波;

条件 2 子载波的频率是基波频率的整数倍;

条件 3 积分区间是基波的完整周期;

条件 4 在基波的完整周期内,子载波的振幅保持不变。

上述 4 个条件在孙宇彤所著的《LTE 教程:原理与实现》(第 3 版)中首先提出,当正交性的条件不满足时,易产生子载波间干扰(inter-carrier interference, ICI),读者可以查阅该书进行更加详细的了解。

具体的正交积分公式如下:

$$
\int_{t}^{t+kT} \cos nx \sin mx \, \mathrm{d}x = 0, \qquad n,m \in K
\tag{4-4}
$$

$$
\int_{t}^{t+kT} \cos nx \cos mx \, \mathrm{d}x = 0, \qquad n,m \in K, n \neq m
\tag{4-5}
$$

$$
\int_{t}^{t+kT} \sin nx \sin mx \, \mathrm{d}x = 0, \qquad n,m \in K, n \neq m
\tag{4-6}
$$

实际上式(4-2)中定义的 OFDM 复等效基带信号可以采用离散逆傅里叶变换(IDFT)来实现。令式(4-2)中的 $t_s=0$,$t=kT/N(k=0,1,\cdots,N-1)$ 就可得到

$$
s_k = s\left(\frac{kT}{N}\right) = \sum_{i=0}^{N-1} d_i \exp\left(\mathrm{j}\,\frac{2\pi ik}{N}\right), \quad 0 \leqslant k \leqslant N-1
\tag{4-7}
$$

由式(4-7)可以看出,s_k 即为 d_i 的 IDFT 运算。在接收端,为了恢复出原始的数据符号 d_i,可对 s_k 进行 DFT 变换,从而得到:

$$
\hat{d}_i = \sum_{k=0}^{N-1} s_k \exp\left(-\mathrm{j}\,\frac{2\pi ik}{N}\right) = d_i, \quad 0 \leqslant i \leqslant N-1
\tag{4-8}
$$

根据上述的分析可以知道,OFDM 系统的调制和解调可以分别通过 IDFT/DFT 来实现,这是 OFDM 可以大规模实用化的前提。具体过程为,通过 N 点 IDFT 运算,把频域数据符号 d_i 变换为时域数据符号 s_k,经过载波调制之后,在无线信道中发射。在接收端,将接收信号进行相干解调,然后将基带信号进行 N 点 DFT 运算,就可恢复发送的数据符号 d_i。在实际应用中,一般都是采用更加方便快捷的快速傅里叶变换(IFFT/FFT)来实现调制和解调,从而减少运算量,降低系统复杂度。对应的框图如图 4-4 所示,图中 P/S 和 S/P 分别表示并串变换和串并变换;D/A 和 A/D 分别表示数模转换和模数转换。

下面我们对 OFDM 技术中的干扰情况以及优劣势进行分析。

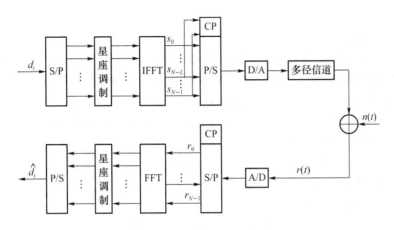

图 4-4　OFDM 系统调制解调框图

（1）OFDM 中的干扰情况

无线信号经历多径到达接收机，在时域上会产生不同的延迟，我们称之为多径效应。多径效应给 OFDM 系统主要带来了两种干扰，分别是符号间干扰（inter-symbol interference，ISI）和子载波间干扰（ICI）。值得注意的是，ISI 中的符号（Symbol）是指 OFDM 符号，而不是指调制符号。

ISI 主要是多径效应带来的，多径效应使得接收符号到达的时间不一致，导致在某一符号的积分区间采样时，存在其他符号的数据，如图 4-5 所示。

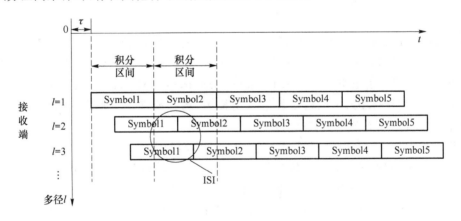

图 4-5　接收端符号间干扰示意图

为了消除符号间干扰，可以采用插入保护间隔，最早是插入空白序列（zero padding，ZP），虽然消除了 ISI，但是由于第一路径以外的符号并非完整周期，破坏了子载波间的正交性，产生了额外的 ICI。

为了解决这个问题，选择插入循环前缀（cyclic prefix，CP）。将 OFDM 符号尾部的信号复制，放入前端，由于循环卷积的特性，FFT 窗口是完整的一个 OFDM 符号周期的条件下，只要在 FFT 积分窗口中，各子载波都是完整的周期，则子载波间相互正交，不会产生 ICI。

按照 OFDM 子载波正交性的条件，同步误差也会导致 ICI；当某个 OFDM 符号的采样并非完整周期，也会导致 ICI；同时多普勒效应也会导致 ICI 的产生。这都是 OFDM 技术需要克服的问题。

（2）OFDM 技术的优势和不足

OFDM 技术中各个子载波相互交叠且具有正交性，从而极大提高了频谱利用率，适合于宽带信道的高速数据传输。如果某个子载波衰落较大，则可以调度其他信号质量较好的子载波，故 OFDM 具有良好的抗频率选择性衰落特性。

以无人机通信为例，上行、下行不同的数据链路对信号的传输速率以及误码率的要求是不同的。如果采用 OFDM 技术，每个子载波就可以进行独立调制。例如，下行图传感器信号传输链路可采用高阶调制以获得较高的数据传输速率和频谱效率；上行控制信号传输链路和下行传感器信号传输链路可以选择低阶调制以获得较好的信噪比。可见 OFDM 的传输性能明显优于传统的单载波调制。

然而，收发机的高速相对运动产生的多普勒效应会造成信号的频率偏移，或者收发机本地振荡器之间存在的频率偏差，都会导致 OFDM 系统子载波之间的正交性被破坏，产生 ICI，所以 OFDM 技术对频率同步的要求较高。而且 OFDM 系统中子载波较多，多个子载波叠加后的峰均比（peak to average power ratio，PAPR）较大，对发射机功放的性能要求较高。以无人机为例，因为无人机的高速运动会带来大的多普勒频偏，受电池、体积、飞行时间等限制无法加大发射机发射功率，所以上述不足会影响到无人机通信性能，需要进行研究攻关。

4.2.2 OTFS 技术

尽管 OFDM 在通信上有高频谱利用率，但是它的 PAPR 较高，对于高速车联网、无人机等场景的适应性有所不足。针对未来车联网通信场景高吞吐量、高数据速率、低延迟的需求，Hadani 等人提出了正交时频空（orthogonal time frequency space，OTFS）波形。相对于 OFDM，OTFS 在衰落场景下的通信性能有所提高，更好地满足了车联网高可靠通信的需求。本节的内容主要参考本章文献[11-13]。

OTFS 技术是一项在时延-多普勒域设计的二维调制方案，其区别于传统基于时间-频率域的调制方案，它通过一系列二维变换，将双色散信道转换到时延-多普勒域中成为近似非衰落的信道。在这个域中，一个数据帧中的每个符号都会经历相同的几乎不变的衰落，从而具有比 OFDM 更显著的性能增益。同时，相较于 OFDM，OTFS 相当于在 OFDM 的基础上添加了一个预编码模块，可看作对 OFDM 的扩展，在接收端再进行逆过程即可，OTFS 实现了与现有通信系统的兼容[11]。

在通信方面，该方案可以利用时延-多普勒脉冲响应充分反映无线信道实际物理几何稀疏性。因此可以基于该特性，在减少用于信道估计的导频数目的同时进行有效的信道估计，特别是在多普勒频移较大的衰落信道中，依然表现出良好的性能，所以研究该调制技术对于高移动环境下的通信具有重要意义。

OTFS 调制方案可分为两个阶段，第一阶段，通过辛傅里叶逆变换（inverse symplectic finite fourier transform，ISFFT）将时延-多普勒域中的一组数据符号转换为时间-频率域上的信号；在第二阶段，将得到的时频域信号送入多载波调制器以形成时域发射信号。在接收端执行相反的操作将接收到的信号从时域映射回时延-多普勒域上。另外，在发射端 ISFFT

模块之后以及接收机的 SFFT 模块之前都用适当的窗函数对信号进行处理以进一步改善时延-多普勒域中的信道的稀疏性。

图 4-6 展示了 OTFS 调制的系统框图,在时延-多普勒域中的数据符号 $x[k,l]$ 经过 ISFFT 变换以及添加发送窗后映射到时间-频率域中,成为如下所示的时频域信号 $X[n,m]$。

$$X[n,m] = \sum_{k=0}^{N-1}\sum_{l=0}^{M-1} x_{k,l} \exp\left(\mathrm{j}2\pi\left(\frac{nk}{N} - \frac{ml}{M}\right)\right) \tag{4-9}$$

图 4-6　OTFS 调制技术原理图

在经过海森堡(Heisenberg)变换后成为如下所示的时域发送信号 $s(t)$。

$$s(t) = \sum_{n=0}^{N-1}\sum_{m=0}^{M-1} X[n,m] g_{tx}(t - nT) \exp(\mathrm{j}2\pi m\Delta f(t - nT)) \tag{4-10}$$

其中,$g_{tx}(t)$ 表示发射成形脉冲,t 是符号持续时间,总带宽被划分为 M 个子载波的多载波系统,即 $B = M\Delta f$,其中 Δf 表示子载波间隔,OTFS 帧持续时间为 $T_f^{\mathrm{OTFS}} = NT$。

OTFS 信号经历时变信道后,在接收端先进行维格纳(Wigner)变换,主要包括匹配滤波和 FFT 子载波解调,得到时频域上的信号数据,接收表达式为:

$$Y(t,f) = A_{g_{rx},r}(t,f) \triangleq \int r(t') g_{rx}^*(t' - t) \mathrm{e}^{-\mathrm{j}2\pi f(t'-t)} \mathrm{d}t' \tag{4-11}$$

根据载波间距和帧时间的大小采样得到离散的时频域数据:

$$Y[n,m] = Y(t,f)\big|_{t=nT, f=m\Delta f} \tag{4-12}$$

最后利用 SFFT 变换将时间-频域数据解调恢复到时延-多普勒域的数据,得到调制数据表达式:

$$y[k,l] = \sum_{n=0}^{N-1}\sum_{m=0}^{M-1} Y[m,n] \mathrm{e}^{-\mathrm{j}2\pi\left(\frac{nk}{N} - \frac{ml}{M}\right)} \tag{4-13}$$

4.3　编　码　技　术

在面向人的无线通信系统中,信息块的长度较长。为了描述此类通信系统的性能,通常采用香农信道容量作为评价指标。在 URLLC 场景下对可靠性和时延都有较高的要求。一方面,为了满足超低的时延,需要传输短信息块,这将导致信道编码增益降低;另一方面,为了提高可靠性,需要利用高效的信道编码方案,并附加重发机制,这会导致较高的时延。因此,URLLC 要求在低码率下短信息块的编码和解码过程中具有较高的纠错性能和较低的时延。

在 5G 移动通信系统中主要是从三个方面来对 URLLC 场景下的编码方案进行评估[14,15]。第一是时延,在物理层方面,主要关注用户平面上的传输时延,即在上行链路和下行链路方向上,从信号成功发射到信号成功接收的时间。用户平面时延主要由 4 个部分组成:传输时延、传播时延、处理时延(例如,用于信道估计和编码/解码)、重传时延。第二是可靠性,可靠性定义为在一定的时延内成功传输数据包的概率。第三是灵活性,URLLC需要比特级的码字大小和码字速率,而在实际传输中,无法对编码码率在指定的范围内进行限制码长大小和优化速率,因此信道编码需要尽可能高的灵活性来启动混合自动重传请求(hybrid automatic repeat request,HARQ),重传的次数需要尽可能地少,以最小化时延。

4.4　抗干扰技术

智能机器,例如无人机的无线通信的开放性使其容易遭受来自敌方的多种攻击(欺骗、干扰、窃听等)。在多种攻击方式中,各类干扰攻击都会对智能机器网络通信安全造成严重威胁。作为一种恶意攻击,干扰器可以通过发射大功率的无线电信号来中断正常通信,导致在接收端发生冲突。一旦智能机器受到攻击,网络通信质量将下降,甚至无法满足当前需求导致任务中断,当智能机器遭受严重干扰时,它们不能够与其他无人机以及控制站点建立连接。

目前对于智能机器网络抗干扰方法的研究主要集中在以下几类。

4.4.1　扩频技术

在发射端对通信信号进行扩频,扩展通信信号的通信带宽,之后在接收节点采用相应的解扩技术,将通信信号的频谱压缩后通过窄带滤波提取出来,滤除大部分干扰信号,从而达到抗干扰的效果。扩频调制技术采用伪随机码,如M-序列,调制发射信号可以获得近似最优的相关特性。常见的扩频技术主要有直接序列扩频、跳频扩频、跳时扩频以及混合扩频[16-19]。

(1)直接序列扩频

直接序列扩频将待传输的信息使用具有良好自相关性的伪随机序列进行扩频调制,实现频谱扩展后再进行传输,接收端则采用相同的序列进行相关解扩,恢复出原始信息。

(2)跳频扩频

跳频通信利用二进制伪随机码序列,控制载波频率振荡器,产生随伪随机码的变化而跳变的载波频率,利用该载波频率将待发射的信号发送出去。换言之,使得经过频谱扩展后信息的信号在一个较宽的频带范围内不断地进行跳变,依靠载波频率的不断改变对抗传输信道中的干扰。

(3)跳时扩频

与跳频系统类似,跳时是使发射信号在时间轴上离散的跳变,主要用于时分多址(time division multiple access,TDMA)中。将时间轴分成许多时隙,若干时隙组成一跳时间帧。用狭窄时间发送信号,以此展宽信号频谱。跳时扩频能够用时间的合理分配来避开附近发射机的强干扰,是一种理想的多址技术。

(4)混合扩频

混合扩频采用两种或者多种扩频技术,结合多种技术的优势,达到提高抗干扰性能的目的。比如,利用直接系列扩频频谱密度低、抗截获、抗多径和跳频扩频的抗跟踪式干扰的优势而衍生的跳频直序(frequency-hopped/direct sequence,FH/DS)混合扩频技术。

4.4.2　信道编码与交织技术

在 URLLC 场景下,迫切需要低时延的信道编码方案来满足严格的处理时延要求。通过信道编码,在发射端的信息中加入冗余信息(如校验码等),通过在接收端的判错和纠错使得系统具备一定的抗干扰能力。智能机器通信中常用的信道编码有 Polar 码、Turbo 码、LDPC、卷积码等[20,21]。面向比特差错成串发生的情况,适用于检测和校正单个差错和较短的差错串的信道编码存在一定的缺陷,因此交织技术应运而生。该技术在发射端重新构建待发送字符顺序,通过解交织环节,在接收端恢复原始顺序。随后把较长的突发差错离散成随机差错,再用纠正随机差错编码等信道编码技术消除随机差错。

4.4.3　分集技术

在智能机器与基站通信场景中,由于不同信道衰落情况不同,信号经过多个信道(时间、频率、空间)产生多个副本[21]。分集技术对接收到的多径信号进行选择性组合。与均衡器原理一致,该技术采用多重接收来补偿衰落信道损耗,利用副本包含的信息集合能够在很大程度上还原初始信号。因此,能够在不增加传输功率和带宽的前提下,提升无线通信信道的传输质量。分集技术包括频率、路由、时间、空间和角度分集等。

4.5　帧结构设计

为了满足 URLLC 的低时延特性,3GPP 在 R15 及 R16 标准中提出了一系列的增强技术,主要包括智能预调度、上行免调度、下行抢占机制、mini-slot 技术等优化调度技术,特殊帧结构、更大子载波间隔等减少时间间隔技术,以及提高可靠性、减少重传次数等相关技术[22]。本节针对 URLLC 低时延性能需求,介绍了 5G 帧结构中应用的微时隙结构及其调度方法。

4.5.1　URLLC 需求

5G NR 支持的场景包括:增强移动宽带(enhanced mobile broadband,eMBB)、低时延高可靠(ultra reliable & low latency communication,URLLC)和海量物联网通信(massive machine type communication,mMTC)。作为 5G 三大典型应用场景之一,URLLC 广泛应用于各个行业,如实时 VR/AR、自动驾驶、工业控制、智能电网、远程医疗、智能家居等,这些场景对延迟和可靠性提出了更高的要求[23]。作为 5G 垂直行业的重要切入点,URLLC 随着 5G 技术的成熟也在逐步完善和优化,该场景旨在为各种时间敏感应用(如工厂自动化、自动驾驶等)提供超低的时延保证以及超高的可靠性保证[24]。

在 URLLC 场景中,需要尽可能地降低空口传输时延、网络转发时延和重传概率,以满足其高可靠低时延要求。其中,帧结构的设计对通信时延和可靠性的影响至关重要。URLLC 场景主要通过缩短传输时间间隔(transmission time interval,TTI)来降低时延。

4.5.2 mini-slot 结构

与 LTE 系统类似,NR 系统的时域资源也是由无线帧(radio frame)、子帧(subframe)、时隙(slot)、符号(symbol)等组成。NR 系统的无线帧结构如图 4-7 所示,在时域中,一个无线帧的长度为 10 ms,每个无线帧由 10 个子帧组成,分为两个等长的半帧(每半帧包含 5 个子帧),每个子帧持续时间为 1 ms。其中,每个子帧由 2^{μ} 个时隙组成,参数 μ 为 3、4 时,子载波间隔为毫米波波段,每个时隙可以有 14 个(在常规 CP 下)或 12 个(在扩展 CP 下)OFDM 符号,一个时隙中的 OFDM 符号可以全为下行链路、全为上行链路,或者至少有一个下行链路部分和至少有一个上行链路部分。

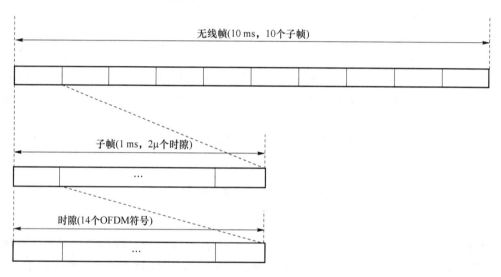

图 4-7　NR 无线帧结构[25]

相比 LTE 系统单一固定的帧结构设计,NR 系统的时域资源调度要灵活精细很多。NR 除了支持 LTE 系统广泛应用的 15 kHz 子载波间隔,还额外支持 4 种更高的子载波间隔,分别是 15 kHz×2^n(n=1,2,3,4),即 30 kHz、60 kHz、120 kHz、240 kHz。此外,NR 还可以动态配置、修改子载波间隔,不同的子载波间隔对应的时隙长度不同,每个子帧包含的时隙个数也不同。由于子载波间隔 Δf 和 OFDM 符号长度 Δt 的关系为 $\Delta t=1/\Delta f$,因此随着子载波间隔成倍增大,时域上的 OFDM 符号长度相应缩短,组成的时隙长度也成比例减少,进而基于时隙的调度就可以显著缩短传输时延。

为了进一步支持小尺寸的数据包传输,5G NR 系统采用了微时隙(mini-slot)结构,mini-slot 是资源调度的最小单位。微时隙结构继承了 LTE 中减小传输时间间隔的设计理念,将最小的调度单元由时隙变为符号,实现符号级别的调度,可以减少数据发送的等待时间,进而适应 URLLC 业务低时延小数据量的特点。

mini-slot 由 2/4/7 个符号组成,第一个符号包含控制信息。2 符号 mini-slot 的结构如图 4-8 所示。

图 4-8 mini-slot 的 2 符号结构

4.5.3 微时隙调度

LTE 的上下行分配只能实现子帧级变化(除特殊子帧外),而 NR 的下行分配和上行分配可针对不同的用户设备(user equipment,UE)进行动态调整,实现符号级变化。这样的设计可以支持动态的业务需求从而提高网络的利用率,同时支持更多的应用场景和业务类型,提供更好的用户体验[26]。

NR 无线时域资源分配包括 Type A 和 Type B 两种方式,不同资源分配类型对应的无线资源起始位置和长度不同。其中,Type A 为基于时隙的调度,Type B 为基于非时隙的调度[26],即支持在一个时隙内任意符号为起始位置,调度长度包括 2/4/7 个符号。为了缩短传输时延,URLLC 业务最小的调度单元是 mini-slot。mini-slot 业务信道采用 Type B 的资源映射方式,起始符号位置可以更加灵活配置,分配符号数量可以更少,时延更短,最快在 2 个符号内完成数据的发送。

本 章 习 题

1. 关于 MIMO 技术中的空间分集和空间复用技术有什么区别?

2. 在下行链路中,如何利用 MIMO 技术向多个用户发送数据?

3. 简述 OFDM 符号。

4. 从相关带宽的角度回答什么时候信号经历频率选择性衰落,简述 OFDM 信号为什么可以对抗频率选择性衰落?

5. 列举几个常见的 OFDM 星座调制方案。

6. 除本书提到的插入循环前缀的保护间隔来消除 ISI 外,在 OFDM 原理中还有哪些技术能够减轻 ISI 的影响。

7. 循环前缀 CP 全部填 0,是否可以消除 ISI?

8. 对于常规 CP,每时隙有多少个 OFDM 符号?扩展 CP 呢?

9. 当帧结构中的参数 $\mu=3$ 时,每个子帧有多少个时隙?每个时隙持续多长时间?

10. 随着子载波间隔逐渐增大,时隙长度如何变化?频域带宽如何变化?每个时隙包含的符号数会发生变化吗?

本章参考文献

[1] Nasir A A, Tuan H D, Ngo H Q, et al. Cell-free massive MIMO in the short block length regime for URLLC[J]. IEEE Transactions on Wireless Communications, 2021,20(9):5861-5871.

[2] Shirvanimoghaddam M, Mohammadi M S, Abbas R, et al. Short Block-Length Codes for Ultra-Reliable Low Latency Communications [J]. IEEE Communications Magazine, 2019,57(2):130-137.

[3] Vitturi S, Zunino C, Sauter T . Industrial Communication Systems and Their Future Challenges: Next-Generation Ethernet, IIoT, and 5G[J]. Proceedings of the IEEE, 2019, 107(6):944-961.

[4] 邢金柱,芦翔. 5G 关键技术 Massive MIMO 及 NOMA 技术综述[J]. 电子世界,2018 (2):31,32,35.

[5] Rusek F, et al. Scaling up MIMO:opportunities and challenges with very large arrays[J]. IEEE Signal Processing Magazine,2013,30 (1):40-60.

[6] Matthaiou M, Zhong C, Ratnarajah T . Novel Generic Bounds on the Sum Rate of MIMO ZF Receivers[J]. IEEE Transactions on Signal Processing, 2011, 59(9): 4341-4353.

[7] 孙宇彤. LTE 教程:原理与实现[M]. 北京:电子工业出版社,2014.

[8] 唐昊,韩东洪,周蕊. 浅析 OFDM 技术及其应用[J]. 网络安全技术与应用,2019(5): 62-64.

[9] 杨学志. 通信之道[M]. 北京:电子工业出版社,2016:231-234.

[10] 高小梅,胡长岭. OFDM 技术的应用分析[J]. 山西电子技术,2018(1):56-58.

[11] 刘天俊. 基于正交时频空(OTFS)系统的导频序列设计与信道估计[D]. 四川:西南交通大学,2019.

[12] Hadani R, Rakib S, Tsatsanis M, et al. Orthogonal Time Frequency Space Modulation[C]// IEEE Wireless Communications & Networking Conference, San Francisco, CA, USA, 2017:1-6.

[13] Hadani R, Monk A . OTFS:A New Generation of Modulation Addressing the Challenges of 5G[J]. Joshua Zak:Department of Physics, Technion-Israel Institute of Technology,2018.

[14] 陈虹旭,李菲,李晓坤,等. 基于 eMBB、mMTC、uRLLC 场景的第五代移动通信方法研究[J].智能计算机与应用,2019,9(6):13-20,23.

[15] 中国联通. 中国联通 5G uRLLC 技术白皮书 V3.0[R]. 中国:中国联通,2022.

[16] 韩晓. 无人机网络欺骗式抗干扰方法研究[D]. 北京:北京邮电大学,2019.

[17] 陈锐. 无线跳扩频通信技术研发[D]. 西安:西安电子科技大学,2014.

[18] 王丁. 跳频通信系统中同步技术的研究与仿真分析[D]. 杭州:杭州电子科技大学,2014.

［19］ 唐辉敏，陈建伟. FH/DS 混合扩频技术研究［J］. 移动通信，2003(S2)：84-87.

［20］ Zhang Y，Liu A，Pan K，et al. A Practical Construction Method for Polar Codes ［J］. IEEE Communications Letters，2014，18(11)：1871-1874.

［21］ IMT-2020（5G）推进组. 5G 愿景与需求白皮书［R］. 北京：IMT-2020（5G）推进组，2014.

［22］ 张斌，张鹏，薛超粤. uRLLC 业务时延分析及低时延网络部署探讨［J］. 邮电设计技术，2022(5)：37-41.

［23］ Li X，Xie W，Hu C. Research on 5G URLLC Standard and Key Technologies［C］// 2022 3rd Information Communication Technologies Conference（ICTC），2022：243-249.

［24］ 马晓莹，王志欣，卢忠青. 超高可靠性低时延通信的资源优化分配研究［J］. 数字通信世界，2021(9)：3-5.

［25］ 郭铭，文志成，刘向东. 5G 空口特性与关键技术［M］. 北京：人民邮电出版社，2019.

［26］ 张建国，杨东来，徐恩，等. 5G NR 物理层规划与设计［M］. 北京：人民邮电出版社，2020.

第5章 智能机器网络邻居发现方法与分簇方法

无线自组织网络（wireless Ad Hoc network）由于具备部署灵活的特点，广泛应用于智能机器网络。由于智能机器灵活快速组网的需求，网络中的节点需要快速发现它能够直接进行通信的邻居节点，邻居发现作为无线自组织网络组网的关键初始环节，具有重要的意义。

智能机器的彼此协作依赖机器之间的通信，然而网络拓扑的高动态变化使得各机器的邻居列表无法长期保持有效，从而降低了通信的可靠性，增大了通信时延。作为智能机器组网的先决条件，快速邻居发现是网络配置的关键初始步骤，邻居发现的收敛速度直接影响网络的性能[1]。邻居发现的本质就是邻居节点之间通过"握手"直接或间接地传递携带邻居信息的数据包，在邻居节点之间建立连接，维护邻居信息表。

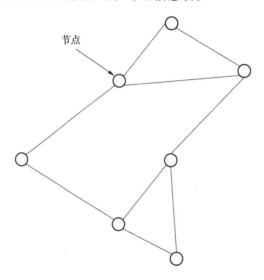

节点

图 5-1 自组网邻居发现

5G 应用场景之一的 mMTC 主要面向物联网业务，它对网络的接入能力和功耗提出了极高的要求。在物联网中会产生大量的数据，一个关键问题是如何准确有效地收集和管理大量数据。为了高效地收集数据，提高电池寿命，并更好地利用信道带宽和流量，传感器分簇和数据融合方法亟需研究[2]。在智能机器网络场景下，传感器分簇算法不仅可以通过降低数据通信量来辅助数据融合，还能降低数据转发的能量开销。

如图 5-2 所示，以无人机辅助的传感器数据采集场景为例，传感器需要分簇以提升数据采集效率。这个场景的空地网络由传感器、无人机、控制站、基站/接入点和服务器组成，具体说明如下。

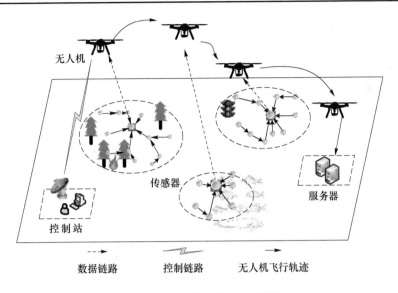

图 5-2　面向数据采集的空地网络

- 传感器：可以感知周围环境,传感器被部署在环境中并将感知数据发送给无人机。传感器的类型根据应用场景而定,例如可以将温湿度传感器部署在森林监控场景中。传感器需要分簇,由簇头负责汇聚簇内传感器的感知数据。
- 无人机：无人机飞到传感器上方收集数据,然后将数据带回服务器。
- 控制站：负责规划无人机的飞行路径,高效收集数据。
- 基站/接入点：直接从周围的传感器以及无人机收集传感数据。
- 服务器：器存储和处理来自传感器的数据。

当传感器数量较多时,可以通过聚类算法将相邻节点合并为一个簇,并从每个簇中选择一个簇头,由其负责聚集来自簇内其他传感器的数据。随后,无人机凭借机动灵活的特性,从地面控制站起飞,经过簇头传感器上方区域时,采用悬停、飞行或混合模式进行数据采集,最终返回控制站,将数据传送给服务器。

在 mMTC 场景中,能效是重要的性能指标,因为它与物联网设备的寿命密切相关。在目前的研究中,大多分簇算法旨在最大限度地提高能效,而一些较为新颖的分簇算法与资源调度、路由协议等相结合,实现能效、吞吐量、可靠性等指标之间的权衡。

本章首先介绍智能机器网络邻居发现方法,然后阐述分簇算法在 mMTC 场景中的重要意义,再后根据不同的分类方法介绍现有的分簇算法,最后对几种典型的分簇算法进行介绍,最后对本章内容进行总结。

5.1　邻居发现算法概述

5.1.1　邻居发现算法的分类

邻居发现算法有不同的分类标准,常见的分类标准如下。

(1) 根据所有节点的时钟是否同步可分为同步算法和异步算法。

（2）根据节点使用的天线类型不同可分为定向地邻居发现算法、全向地邻居发现算法和全定向混合的邻居发现算法。

（3）根据节点之间的通信方式不同可分为基于全双工的算法和基于半双工的算法。

（4）根据场景的不同可分为二维和三维的邻居发现。

（5）根据发现的规则不同可分为完全随机的邻居发现算法（completely random algorithms，CRA）、基于扫描的邻居发现算法（scan-based algorithms，SBA）和基于 Gossip 的邻居发现算法等。在 5.2 小节我们将针对这 3 种经典的邻居发现算法进行简要的介绍。

（6）根据握手规则不同可分为一路握手的邻居发现、两路握手的邻居发现和三路握手的邻居发现。在邻居发现过程中需要通过握手来交互邻居节点的信息，主要是节点的身份（ID）信息，并且确定下一次交互的时间，以达到成功建立连接的目的。

① 最简单的邻居发现算法是一路握手机制的邻居发现，节点以一定的概率处于发射或接收状态，若处于接收状态的节点成功地接收到一个数据包，则邻居发现成功。但是一路算法有一个不可忽略的缺点，即发射节点并不知道自己发出的信号是否成功地被其他节点接收到。

② 两路握手机制是同步系统中最常用的方案。本章介绍的经典邻居发现算法及性能分析主要基于两路握手机制，这是同步系统中最常用的方案。在两路握手中，所有节点进行时间同步。时隙的划分如图 5-3 所示，一个时隙（slot）由两个小时隙（mini-slot）构成。时隙的长度为 t，一个时隙被划分为两个时间长度均为 $t/2$ 的小时隙。节点在时隙的开始选择发射或接收模式。对处于发射模式的节点，节点在第一个小时隙向某个方向发射 Hello 数据包，而在第二个小时隙中，该节点在发射方向上进行定向地接收；反之，如果节点在第一个小时隙处于接收模式，则如果该节点接收到了 Hello 数据包，则在第二小时隙中进行反馈。

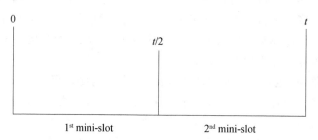

图 5-3　两路握手的时隙划分示意图

③ 三路握手相比两路握手新增了一个信息反馈确认的过程，进一步提升了可靠性，其握手规则如下[16]。

握手 1：节点 1 发射信息，将自身的节点信息广播至通信范围内的潜在邻居。

握手 2：如果节点 2 没有接收到信息，则节点 2 放弃握手；否则，识别到节点 1 为可能的邻居后，节点 2 向节点 1 定向回复 Feedback 数据包，用于预约下一时隙进行交互。

握手 3：如果节点 1 没有接收到来自节点 2 的 Feedback 数据包，则节点 1 放弃握手。否则，返回确认信息，确认建立联系。

5.1.2　邻居发现算法遇到的问题与现有解决思路

邻居发现是组网过程中的重要环节。无线自组网在组网过程中,第一步就是进行邻居发现。由于无线自组网的网络拓扑是动态变化的,以一定的时间为周期,每个周期都需要再次进行邻居发现[3],这样才能保证每个节点都能得到最新的邻居节点信息,在新节点加入网络或者网络中的节点失去连接时,其他的节点可以及时发现链路状态的变化。

1. 数据包碰撞问题

数据包碰撞问题是影响邻居发现速度的因素之一。随着节点数的增加,碰撞问题越发严重,合理的碰撞避免和解决机制会降低碰撞概率,实现快速的邻居发现。为了解决数据包碰撞问题,本章参考文献[4]提出基于扫描的概率性空闲算法(scan-based algorithm with probabilistic idle,SBA-PI),引入了静默状态,使节点具备发射、接收以及静默这三种状态,这一操作通过碰撞避免机制减少冲突。此外,本章参考文献[4]在随机发现的基础上,引入选择性回复机制,节点一次握手成功后,按概率进行回复,减少了二次握手中的碰撞冲突,但是在碰撞较少的情况下,降低了邻居发现的概率。本章参考文献[5]通过随机选择发射控制消息的时隙,有效地避免了碰撞冲突的产生。

2. 能耗问题

由于移动自组织网络(mobile Ad Hoc networks,MANET)中的大多数设备都需要依靠电池运行,通信能耗就需要尽可能低,因此 MANET 的设备通常设置为睡眠模式。本章参考文献[6]提出了一种实用的能耗模型,该模型考虑了过渡状态的能耗和持续时间。以该能耗模型为基础,接着提出一种具有低能耗的异步邻居发现算法。该算法可以在低能耗的情况下显著地减少邻居发现时间。本章参考文献[7]提出了一种新的低能耗的选择性主动苏醒快速邻居发现(energy saving selectively proactive neighbor discovery,SPND)算法。该算法在使用共享邻居信息的方法构建节点初始邻居集合后,在下一步发现邻居时,通过划分节点邻居子集合,有选择地进行指定节点主动苏醒,实现节点低能耗的邻居发现。

3. 时延问题

由于传感网中传感器节点的能量(或者电量)非常有限,这些节点通常工作在低占空比模式。低占空比是指时间被划分成时隙,只有少量的时隙节点处于苏醒状态,而其余时隙节点处于休眠状态。在低占空比模式下进行高效的邻居发现非常困难,因为节点同时苏醒的机会很小。一般而言,给定能量越小,发现时间越短;给定能量越大,发现时间越长[8]。其中基于 Gossip 的邻居发现算法在降低邻居发现时间方面效果尤为显著。

4. 波束对准问题

近几年,定向天线在邻居发现中越来越重要。使用全向天线进行邻居发现时,天线对覆盖范围内的所有方向进行广播,因此只要通信范围内的节点收发状态相反,使用全向天线的节点可以一次性被通信范围内的所有节点发现。而对于定向天线,邻居发现的过程存在以下几点困难。

① 定向天线需要通过多次切换波束方向才能实现扫描覆盖全部方向。波束的宽度越窄,完成一次全覆盖扫描需要切换的次数越多,耗时越长。因此相对于全向天线的一次扫

描,定向天线可能需要耗费更多的时隙来完成。

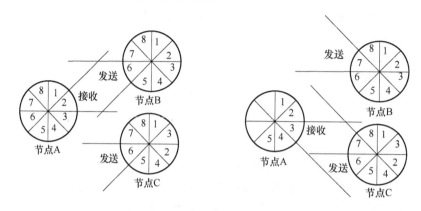

图 5-4　定向天线波束工作方式[4]

② 当发射节点和接收节点均使用定向天线时,只有当双方的波束均指向对方,即波束对准,且满足双方节点收发状态相反时,才能成功完成邻居发现。当扇区数目较多时会耗费大量时间达到这一状态。

③ 信号冲突。当接收节点的一个接收扇区方向上有两个节点同时向它发射信号,会产生信号冲突,导致接收节点无法识别接收到的信号。例如,A 节点和 B 节点同时向 C 节点方向发射信号,这时 A、B 节点发射的信号在 C 节点处发生冲突,导致邻居发现失败。当网络中节点密度较大时,信号冲突的概率增加,会导致邻居发现过程耗时大大增加。

本章主要介绍:邻居发现算法的分类;现有的两路握手原则下的 Completely Random Algorithms(CRA)、Scan-Based Algorithms(SBA)、Gossip 三种经典邻居发现算法;SBA 算法的性能分析;邻居发现的未来发展趋势。

5.2　经典邻居发现算法介绍

5.2.1　CRA

CRA 通过随机地收发数据包来搜索周围的邻居。在搜索邻居的过程中,节点 i 在每个时隙的开始随机地决定发射还是接收。节点 i 发射的概率为 γ_i,接收的概率为 $1-\gamma_i$。如果一个节点决定发射(或接收),那么它将在第一个小时隙中发射(或接收)一个 Hello 数据包。

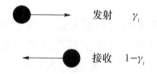

图 5-5　发射状态和接收状态的图形表示

CRA 又可以根据天线类型的不同分为全向发射全向接收(omni-directional transmit

and omni-receive，CRA-OO)、定向发射全向接收(directional transmit and omni-directional receive，CRA-DO)、全向发射定向接收(omni-directional transmit and directional receive，CRA-OD)和定向发射定向接收(directional transmit and directional receive，CRA-DD)。其中 CRA-DO 和 CRA-OD 算法类似,在下文中只介绍其中一种。

1. CRA-OO 算法

在 CRA-OO 算法中,如果节点 1 在时隙开始时选择扫描方向,即发射/接收方向,然后随机选择发射/接收状态。

如图 5-6 所示,如果节点 1 在时隙开始时选择处于接收状态,则节点 1 将在第一小时隙进行全向地接收;如果节点 1 成功地在第一小时隙接收到了来自节点 2 的数据包,则节点 1 将在第二小时隙全向地回复 Feedback 数据包;如果节点 1 在第一小时隙并没有接收到任何数据包,则节点 1 在第二时隙不进行发射。如果节点 1 在时隙开始时选择处于发射状态,则节点 1 将在第一小时隙全向地发射 Hello 数据包,在第二个小时隙进行全向地接收。

第一迷你时隙

第二迷你时隙

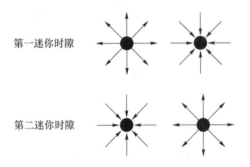

图 5-6　CRA-OO 算法示意图

如果有多个节点同时向同一个节点发射数据包,则数据包在接收节点处发生冲突。如图 5-7 所示,如果节点 2 和节点 3 在同一时间向节点 1 发射数据包,则数据包在节点 1(接收节点)处发生冲突。

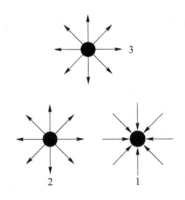

图 5-7　CRA-OO 冲突示意图

2. CRA-DO 算法

若节点 1 在第一小时隙成功地从节点 2 接收到了数据包,则节点 1 将识别接收到数据包的方向,并在第二小时隙沿识别出来的方向定向地回复 Feedback 数据包。若节点 1 回复的信号在第二小时隙被节点 2 接收到,则完成了两次握手,节点 1 与节点 2 成功完成邻居发现。同 CRA-OO 算法一样,在一个时隙结束后,节点仍在下一个时隙开始时决定波束方向,还有发射/接收状态。

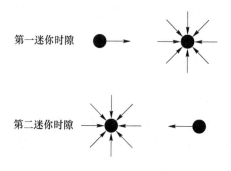

第一迷你时隙

第二迷你时隙

图 5-8　CRA-DO 算法示意图

　　同 CRA-OO 算法一样,如果有多个节点在同一时间向同一个节点发射数据包,则在接收节点处仍会发生冲突。

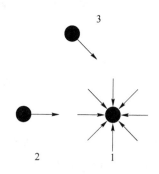

图 5-9　CRA-DO 冲突示意图

3 CRA-DD 算法

　　在 CRA-DD 算法下,每个时隙开始时,节点仍随机决定波束方向和发射/接收状态。如图 5-10 所示,节点 2 和节点 1 选择的波束方向对准且收发状态相反,则节点 2 和节点 1 可以成功进行邻居发现。假设节点 2 在时隙开始时选择处于发射状态,则节点 2 在第一小时隙会在随机选择的波束方向上定向发射 Hello 数据包,并在第二小时隙在该波束方向定向接收,等待节点 1 回复 Feedback 数据包。由于节点 1 在时隙开始时选择处于接收状态,则节点 1 将在第一小时隙将在随机选择的方向上定向接收,如果接收到数据包,则在第二个小时隙回复 Feedback 数据包,否则不发射。

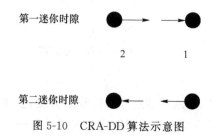

第一迷你时隙

第二迷你时隙

图 5-10　CRA-DD 算法示意图

同 CRA-OO 和 CRA-DO 算法一样,如果有多个节点在同一时间向某个节点发射数据包,则在该接收节点处仍会发生冲突,如图 5-11 所示。

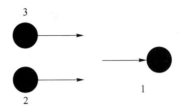

图 5-11　CRA-DD 冲突示意图

在上述算法中,节点完全随机地决定发射/接收的方向以及是否发射/接收,所有节点之间没有协调。

5.2.2　SBA

与 CRA 算法不同,SBA 算法中的所有节点在扫描方向上面引入了协调机制,具有相同的预定义扫描顺序,如图 5-12 所示,节点按照从 1 到 8 的方向顺序扫描。

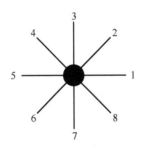

图 5-12　SBA 算法的一种预定义的扫描顺序

在每个时隙开始时,节点可以随机地选择发射/接收状态的 SBA 算法被称为基于扫描的随机性算法(SBA-R)。

在每个时隙开始时,节点按照预先定义好的序列选择发射/接收状态的 SBA 算法称为基于扫描的确定性算法(SBA-D)。

1. SBA-R 算法

在每个时隙开始时,节点根据扫描顺序随机地选择自己是沿和扫描方向相同的方向发射还是沿和扫描方向相反的方向发射/接收,这与节点在之前时隙的发射/接收状态无关。

在两路握手机制下,节点仍是发射 Hello 数据包之后等待回复信号,或者接收成功之后回复 Feedback 数据包,若两次数据包接收都成功,则节点之间完成了相互发现。在每个时隙结束后,节点都将按照预先定义好的扫描顺序,进行下一时隙的邻居发现。

如图 5-13 所示,假设水平向右的方向为 $0°$,在时隙 t_1 开始时,节点 2、节点 4、节点 5 在 $0°$ 的方向上发射,而节点 1、节点 3、节点 6 在 $180°$ 的方向上接收。在 t_1 的第一个小时隙中,并没有任何节点成功地接收到数据包,故并没有节点成功地发现其他节点。

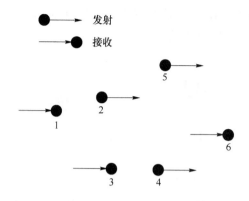

图 5-13　SBA-R 算法中节点在 t_1 时隙开始时的状态

在时隙 t_2 开始时,节点 3、节点 4、节点 5 在 45°的方向上发射,节点 1、节点 2、节点 6 在 225°的方向上接收。在 t_2 的第一小时隙中,节点 6 接收到了节点 4 的 Hello 数据包;故在 t_2 的第二小时隙中,节点 6 将在 225°的方向上向节点 4 回复 Feedback 数据包,节点 4 将在 45° 的方向上接收来自节点 6 的 Feedback 数据包。于是,节点 4 与节点 6 成功地相互发现 彼此。

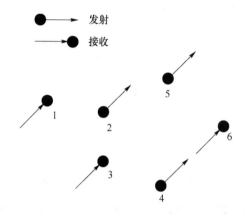

图 5-14　SBA-R 算法中节点在 t_2 时隙开始时的状态

2. SBA-D 算法

在 SBA-D 算法与 SBA-R 算法中,节点的扫描顺序都是预定义的,然而节点在每个时隙 开始时选择发射/接收状态的规则不同。在 SBA-D 算法中,需要对节点在每个扫描方向上 的发射/接收状态进行编码,形成一个编码序列。在后续邻居发现算法的执行过程中,节点 在每个时隙开始时,不再随机选择发射/接收状态,而是根据编码序列决定收发状态。故针 对不同的编码方案,算法的性能也将不同。

5.2.3　基于 Gossip 的邻居发现算法

CRA 和 SBA 都属于直接发现算法,即节点仅在收到邻居节点发射的数据包之后才能 发现该邻居。而在基于 Gossip 的邻居发现算法中,节点可以利用位置信息,通过与已经发现的邻居节点进行交互来间接地发现其他未发现的邻居节点。

在基于 Gossip 的邻居发现算法中,假设每个节点知道自己的地理位置,且每个节点维护自己的邻居列表,其中包括到目前为止已经发现的邻居及其物理位置,并且在邻居发现的过程中,该列表不断累积。

基于 Gossip 的算法其执行过程的描述与直接发现算法几乎完全相同,节点在每个时隙决定自己是发射状态还是接收状态。唯一的区别在于:基于 Gossip 的邻居发现算法发射的数据包里面不仅有自己的 ID 信息,还有节点目前积累的邻居列表。当一个节点接收到来自其邻居节点的数据包时,节点不仅能够发现该邻居,而且可以遍历该邻居节点的邻居列表,当自己与邻居列表中节点的距离小于某个阈值时,即判断为自己的邻居。也就是说,节点通过 Gossip 的方式不仅可以直接地发现邻居,还可以间接地发现邻居。因此,基于 Gossip 的邻居发现算法的速度比经典的 CRA、SBA 算法的速度快得多。

5.3　邻居发现算法性能分析

下面先描述邻居发现算法的假设,然后重点分析 SBA 算法的性能。

5.3.1　模型假设

（1）节点情况

在本章介绍的邻居发现算法中,对节点情况进行以下假设。

① 每个节点都配备了波束宽度为 $\theta(0<\theta<2\pi)$,传输范围为 r 的方向性天线,固定数目的固定波束宽度天线单元被安装以覆盖整个方位,如图 5-15 所示。在该模型下,只需选择一个天线单元即可完成扇区切换。为了简单起见,后续分析中只考虑了扇形天线的主瓣,忽略旁瓣和后瓣。

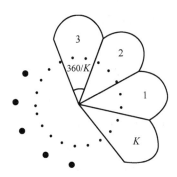

图 5-15　理想的扇形天线波束结构

② 所有的节点都具有相同的传输功率和传输范围。

③ 在整个网络中,节点满足分布密度为 λ 的均匀分布。

④ 所有的节点都具有相同的预定义的扫描顺序。

（2）通信方式

节点间的通信是半双工的。每个节点都有一个无线电收发器,使得节点能够发射和接收信号。但在任何时候,节点都只能处于发射或接收中的一种状态,而不能同时处于两种状态。具体有如下假设。

① 如果节点之间可以直接通信(不需要中继),只需要连接两个节点的直线包含在一个节点的发射波束和另一个节点的接收波束中即可。

② 如果节点同时从两个或多个邻居处接收数据包,则会发生数据冲突。在发生冲突的情况下,接收节点将丢弃接收到的数据包。

5.3.2 SBA-R 算法性能分析

本节分析 SBA-R 算法的性能,其中 CRA 算法可以用类似的方法进行分析。本节以发现所有邻居所需的平均时隙数作为衡量邻居发现算法的性能指标。为了简单起见,假设所有节点的发射概率都是一样的,即对于所有的节点 i,有发射概率 $\gamma_i = \gamma$。

对于两路握手邻居发现,当一个节点的接收波束内有几个接收节点在同一时隙发射 Hello 数据包时,可能会发生碰撞。定义 $\psi = \dfrac{\theta}{2\pi}$ 是一个节点在一个特定方向上发射的概率,或一个节点位于一个特定波束内的概率。

由于节点的波束宽度为 θ,节点的分布密度为 λ,天线的传输半径为 r,则节点一个波束内的平均总邻居数：

$$K = \frac{1}{2}\theta\lambda r^2 \tag{5-1}$$

节点 A 在第 t 个时隙发现它之前未发现过的邻居 B 有两种情况：

① 在第一小时隙节点 A 处于接收状态,节点 B 处于发射状态,并且 A 成功接收到 B 的信号,其概率为：

$$P_R = (1-\gamma)\gamma(1-P_{col}) \tag{5-2}$$

其中,P_{col} 表示节点 A 在第一时隙接收到节点 B 的信号时,还接收到其他节点的信号的概率,表达式为：

$$P_{col} = \sum_{m=1}^{K-1} C_{K-1}^m \gamma^m (1-\gamma)^{K-1-m} \tag{5-3}$$

② 节点 A 在第一小时隙处于发射状态,节点 B 处于接收状态,节点 B 成功接收到节点 A 的信号,并且在第二迷你时隙节点 A 成功接收到节点 B 的回复,其概率为：

$$P_{T1} = \gamma(1-\gamma)(1-P_{col}) \tag{5-4}$$

在第二小时隙,节点 A 能够成功接收到节点 B 的回复的概率为：

$$P_{T2}(t) = [\gamma+(1-\gamma)P_{col}]^{K-1-D(t-1)} \tag{5-5}$$

其中,$D(t-1)$ 表示在前 $t-1$ 个时隙中,节点 A 的 K 个邻居中已经被发现的邻居数。所以有：

$$P_T(t) = P_{T1}(t)P_{T2}(t) \tag{5-6}$$

节点 A 能够在第 t 个时隙发现它的邻居 B 的概率为：

$$P_{\mathrm{suc}}(t)=P_R+P_T(t) \tag{5-7}$$

节点 A 可以通过以下两种方式在一个波束中的 t 个时隙内发现 $m(m=0,1,\cdots,K)$ 个邻居：

① 节点 A 已经在前 $t-1$ 个时隙中发现了 m 个邻居，并且在第 t 个时隙中没有发现剩余的 $K-m$ 个邻居中的任何一个；

② 节点 A 已经在前 $t-1$ 个时隙中发现了 $m-1$ 个邻居，并且在第 t 个时隙中发现了剩余的 $K-m+1$ 个邻居中的任意一个。

其概率可以表示为：

$$P(m,t)=k_1 P(m,t-1)+k_2 P(m-1,t-1) \tag{5-8}$$

其中，

$$k_1=1-(k-m)P_{\mathrm{suc}}(t\,|\,D(t-1)=m)$$
$$k_2=(k-m+1)P_{\mathrm{suc}}(t\,|\,D(t-1)=m-1) \tag{5-9}$$

虽然 $P(m,t)$ 的闭式解很难推导，但是由于初始条件（边界条件）$P(0,0)=1$，$P(1,0)=0$ 容易获得，故 $P(m,t)$ 可以通过递推求得。

在一个波束的 t 个时隙内能够发现邻居个数的期望 $E[D(t)]$ 可以通过以下公式表示：

$$E[D(t)]=\sum_{m=1}^{\min(K,t)} mP(m,t) \tag{5-10}$$

本节的上文是以一个波束作为研究对象，所有方向上的邻居发现所需的总时隙数期望还需要乘上 $\dfrac{2\pi}{\theta}$，其表达式如下：

$$E_{\mathrm{all}}=\frac{2\pi}{\theta}\sum_{j=0}^{N-1}\frac{1}{(K-j)P_{\mathrm{suc}}(t\,|\,D(t-1)=j)} \tag{5-11}$$

5.4　邻居发现未来趋势

面向高速高动态的智能机器集群网络，提升邻居发现的速度和正确性一直是邻居发现算法设计的目标。一方面，可以利用增强的物理层技术实现更快的邻居发现；另一方面，可以利用 Gossip 等算法机制的创新来加快邻居发现的速度。然而，在提升邻居发现算法速度的同时，也会发现一些错误的邻居，因此需要权衡速度与正确性之间的关系，面向这个难点，邻居发现包括如下趋势。

① 非正交多址（non-orthognal multiple access，NOMA）中的串行干扰消除（serial interference cancellation，SIC）技术可以引入邻居发现算法中，从而在数据包碰撞的条件下仍可以解包，是解决邻居发现中的数据包碰撞的新思路之一，以提升邻居发现算法的速度。然而 SIC 受制于残差的累积效应，能解调碰撞数据包的数目有限，且会增加接收机的复杂度。

② Gossip 机制会极大提升邻居发现算法的速度，然而基于 Gossip 的邻居发现中，间接发现邻居需要依靠节点之间的距离为判据，即认为节点之间的距离小于某个阈值即互为邻居。然而，该判据在遮挡比较严重的环境下会失效。且在遮挡、军事对抗等环境下节点的地

理位置信息可能不存在或存在错误,会降低基于 Gossip 的邻居发现算法的效率,甚至会发现错误的邻居。这都是基于 Gossip 的邻居发现算法需要解决的问题。

5.5 分簇算法的分类

无线传感器网络的分簇算法根据不同的划分标准有不同的分类方法[18]。

5.5.1 集中式或分布式算法

根据是否存在中心控制节点(通常是基站)来负责整个网络的分簇,算法分为集中式与分布式两种。集中式分簇算法包括低能自适应聚类层次结构集中式(low-energy adaptive clustering hierarchy-centralized,LEACH-C)算法[19]和自适应周期阈值敏感节能传感器网络算法(adaptive periodic threshold-sensitive energy efficient sensor network protocol,APTEEN)[20]。中心控制节点在能量、存储、计算等方面存在优势,但是集中式算法所需的中心控制节点不一定存在于每个无线传感器网络中。此外,节点需要不断向中心控制节点传输自身能量等信息,给中心节点带来大量的能量开销。由于分布式算法比集中式算法更灵活、更高效,获得了大量的关注。在分布式算法中,节点与相邻节点进行信息交换,根据获取的局部信息独自做出决策。典型的分布式分簇算法包括 LEACH 算法和混合节能分布式聚类(hybrid energy-efficient distributed clustering,HEED)算法。

5.5.2 基于地理位置或地理位置无关的算法

根据分簇过程是否需要节点位置信息,分簇算法可以分为基于地理位置的算法和与地理位置无关的算法。节点获取自身地理位置信息通常采用全球定位系统(global positioning system,GPS),但是配备 GPS 会给节点带来额外的能量消耗。上文提到的 LEACH 算法[21]和 HEED 算法[22]属于地理位置无关的算法;而典型的基于地理位置的分簇算法是地理适应保真度(geographical adaptive fidelity,GAF)算法[23]。GPS 模块的高成本以及高能耗是基于地理位置的分簇算法实用化的一大阻碍。通过在网络中设置少量信标节点,其配备的 GPS 模块可以获取自身确切的地理位置;其他普通节点可以通过定位算法获取自身到信标节点的距离,从而获得自身的相对位置。基于这种做法的分簇算法实现了能耗和成本间的一种权衡,是传感器网络分簇算法研究的热点之一。

5.5.3 确定性或随机性算法

分簇的过程可以简单理解为输入一些已知参数,通过分簇算法获取分簇的结果。从数学的角度来看,分簇算法可以分为确定性算法和随机性算法。确定性算法和随机性算法的区别在于输入不变的已知参数,获取的运算结果是否不变。在确定性分簇算法中,节点的处理往往遵循先后顺序,即节点必须等待某个特定节点运算结束将自己划分为簇首节点或簇成员节点后,才能把已确定节点的身份作为先验信息,确定自己的身份。典型的算法是分布式聚类(distributed clustering algorithm,DCA)算法[24]。确定性算法的收敛时间随着网络规模的变大而变长。而随机性算法使用了随机函数,随机函数的返回值影响算法的执行流程或执行结果。典型的算法为 LEACH 算法,通过构造轮数的概率函数来进行簇头的等概率轮询选取。此外,典型的大规模网络分簇算法,如 K-均值聚类(K-Means clustering algorithm,K-Means)算法[25]也是随机性算法。在初始化簇头时,它一般是通过随机函数选取随机的 K 个点作为聚类中心。随机性算法在算法收敛速度、协议开销以及鲁棒性方面具有明显优势,适合于大规模网络。

5.5.4　平面或分层算法

按照网络拓扑结构,可以将分簇算法划分为平面分簇算法和分层分簇算法。在平面算法中,网络通过一次分簇计算获得结果,整个网络为二级结构,一级为簇头,另一级为簇内节点。上文提到过的算法(如 LEACH、HEED、GAF 等算法)都属于平面算法。而分层算法通常需要两次以上的分簇运算,往往适用于超大规模无线传感器网络,将网络中海量节点进行有效管理。例如,对于大规模无人机集群,节点数目非常多时要采用二级以上的分簇模型。分层算法实现的复杂度较高。

5.6　经典分簇算法

经典分簇算法有 LEACH 算法[21]和 K-Means 算法[25]。LEACH 算法是由美国麻省理工学院(MIT)的 Heinzekman 等人提出的无线传感器网络分簇算法,后来很多分簇算法都是借鉴 LEACH 分簇的思想发展而来。随着网络规模的扩大,K-Means 算法也成为目前研究大规模网络的热门经典算法之一。

5.6.1　LEACH 算法

LEACH 算法是一种低功耗自适应分簇算法,针对无中心的、节点能量有限的网络而设计。在这种分布式网络中,需要选择一个簇头,通过簇头汇聚所有节点的数据信息。假设簇头节点被固定,簇头节点的能量很快会被耗尽。因此,Heinzekman 等人提出的 LEACH 算法的主要思想在于通过等概率周期轮换选举簇头,将单个簇头消耗的能量均摊到每个节点上,提高整个网络的寿命。

假设网络中总共有 N 个节点,每个周期进行一次簇头轮换,选举 k 个簇头。若节点 i 在第 $r+1$ 个周期开始前(即 t 时刻),被选举为簇头的概率为 $P_i(t)$,则在这一轮选举中,平均选举出的簇头数为 $\sum_{i=1}^{N} P_i(t) = k$,则所有节点都被选举一次平均需要 $\frac{N}{k}$ 轮。在前 r 轮中,共有 $k * r \bmod (N/k)$ 个节点被选举为簇头,$r \bmod (N/k)$ 是用当前轮数 r 对所有节点被选举一次的轮数 $\frac{N}{k}$ 取余,其结果为选举簇头节点的轮数。当 $r > \frac{N}{k}$ 时,所有节点均已被选举为一次簇头,开始新一轮的簇头选举,故需要进行取余。令 $C_i(t)=1$ 表示节点 i 未当选过簇头节点,否则 $C_i(t)=0$。因此,节点 i 被选举为簇头的概率为:

$$P_i = \begin{cases} \dfrac{k}{N-k*\left(r\bmod\dfrac{N}{k}\right)}, & C_i(t)=1 \\ 0, & C_i(t)=0 \end{cases} \tag{5-12}$$

LEACH 算法选举簇头的基本过程是:网络中每个节点在 0 到 1 任意选一个随机数,如果在当前轮中选定的随机数小于设定的阈值 $T(n)$,那么在本轮中此节点被选举为簇头,$T(n)$ 的表达式如下:

$$T(n) = \begin{cases} \dfrac{P_i}{1-P_i*\left(r\bmod\dfrac{1}{P_i}\right)}, & n\in G \\ 0, & \text{其他} \end{cases} \tag{5-13}$$

式(5-13)中 P_i 为节点 i 被选举为簇头的概率,r 为当前轮数,G 为 $\dfrac{1}{P_i}$ 轮内没有被选举为簇头的节点集合,当所有节点均被选举过为簇头时,$T(n)$ 置为 0,网络中所有节点将重新开始选举簇头。簇头节点选举完成后,簇头节点向全网广播自己成为簇头的消息。广播过程采用了 CSMA/CA 协议(在第 6 章介绍)来避免发生冲突。网络中所有的非簇头节点根据接收到的信号强弱度来判断应该加入哪个簇并告知相关的簇头,簇的建立完成。

LEACH 算法操作简单,能够有效降低节点能耗,缺点是簇头能耗难以均衡。假设一定时间内网络消耗的总能量不变,则节点能耗越均衡,网络寿命越长。每个节点的能耗不仅取决于自身到簇头的距离,还与自身的感知任务有关。

5.6.2 *K*-Means 算法

1967 年,MacQueen 首次提出了 *K*-Means 算法,相比 LEACH 算法或其改进算法,*K*-Means算法在海量节点网络中占较大优势。

对于给定的样本集,*K*-Means 算法针对聚类所得簇划分 $C=\{C_1,C_2,\cdots,C_k\}$ 最小化平方误差:

$$E = \sum_{i=1}^{k}\sum_{x\in C_i}\|x-\mu_i\|_2^2 \tag{5-14}$$

其中,x 是样本集中的样本点,$\mu_i = \dfrac{1}{|C_i|}\sum_{x\in C_i}x$ 是簇 C_i 的均值向量即质心,$|C_i|$ 表示划分到簇 C_i 的样本点数。E 值越小则簇内样本的相似度越高。*K*-Means 算法的步骤是首先随机选取 k 个点作为聚类中心 C_i,分别计算其他样本点到各个聚类中心 C_i 的距离,并将其划分到距离最近的类。归类完毕之后,计算归类之后每一类中样本点的新质心 μ_i,再次遍历每一个样本点,计算每一个样本点到新质心的欧氏距离,按照距离哪一个质心近的原则,重新归类。不断重新计算质心坐标,直到质心坐标不再更新为止。在实际中,最小化公式(5-14)不容易,为了避免聚类时间过长,可以通过设置最大迭代次数或者最小调整幅度阈值解决[26]。

　　以上是 *K*-Means 算法的基本原理。接下来以无人机网络的分簇为例,描述基于 *K*-Means算法的整个分簇过程。假定三维空间中分布着 n 个节点,算法步骤如下:第一步, 随机选取 k 个点作为初始聚类质心点;第二步,对每个点计算其与各质心点的距离,并把该 点与距离最近的质心划分为同一类。用各类的均值更新每个类的质心点。重复迭代第二 步,直到迭代更新后 *E* 的值变动不大为止。则此时选出的聚类质心点即为选举出的簇头。

　　在分簇完成后,对于因移动性离开原来的簇进入到新簇范围内的节点,需要向簇头发送 入簇请求。为了适应新的入簇机制,需要对请求等数据包进行修改。请求入簇数据包 (request to join cluster, RTJC)和回复入簇数据包(clear to join cluster, CTJC)如图 5-16 所示。

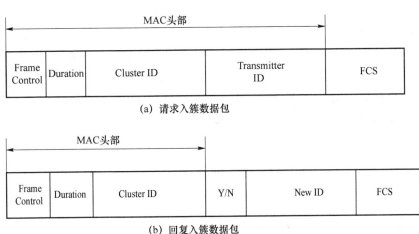

(a) 请求入簇数据包

(b) 回复入簇数据包

图 5-16　节点入簇的请求回复帧结构

　　簇头节点根据簇内的节点资源对节点的入簇请求进行回复。CTJC 有两种状态,CTJC-Y 表示同意入簇请求,CTJC-N 表示当前簇内无空闲身份确认(identity confirmation, ID),拒 绝节点的入簇请求。

　　图 5-17(a)表示簇头回复超时,申请入簇失败,在这种情况下,该节点会重新进行信道侦 听并发送入簇请求。图 5-17(b)表示当前簇已经达到最大容量,拒绝节点的入簇请求。 图 5-17(c)表示节点成功入簇,申请入簇的节点被分配了新的 ID。

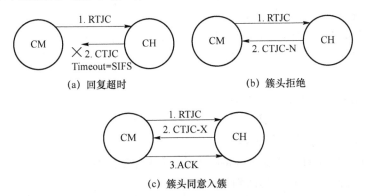

(a) 回复超时　　　　　　　　　(b) 簇头拒绝

(c) 簇头同意入簇

图 5-17　节点入簇情况(图中 SIFS 为短帧间间隔,请读者参考第 6 章 CSMA 协议参数定义)

对于簇内的节点,如果连续三次未收到簇内节点发送的数据消息,则认为该节点已经离开了当前的簇。对于当前离开簇的节点,簇头会记录节点 ID,更新簇内信息表,将离开簇的节点 ID 分配给新的申请入簇的节点。另外,簇头也会设置计数器,将计数器加一,如果计数器在短时间内达到阈值,则认为当前网络拓扑变化较剧烈,簇头之间会进行数据通信,重新分簇。

K-Means 算法是一种梯度下降过程,从启动选举簇头开始,迭代更新簇头,以减少方程中的客观函数。K-Means 总是收敛到局部最小值,全局最小值的问题由 NP 解决。通过不断迭代,直到获取到的簇头集不发生改变,得到最终结果。该算法的计算时间复杂度是 $O(nkl)$,其中 n 是网络中总节点的数量,k 是网络中需要的簇头数,l 是迭代次数,$k \leqslant n$,$l \leqslant n$。

K-Means 算法的目标是找到使平方误差准则函数最小的簇。当潜在的簇形状是凸面的,且簇大小相近时,簇与簇之间区别较明显,聚类结果较理想。前面提到,该算法时间复杂度为 $O(nkl)$,与网络总节点数线性相关。因此对于大规模网络分簇问题,该算法效率较高。但该算法通常以局部最优结束,对"噪声"和孤立点敏感。因此,该方法不适于发现非凸面形状的簇或大小差别很大的簇。

5.7 分簇算法总结

在 5.5~5.6 节中,我们首先介绍了网络分簇对于大规模机器类通信的重要意义,并对分簇算法按照不同的划分标准进行了阐述。其中,对于无线自组织网络中的经典算法 LEACH 算法以及面向大规模网络的 K-Means 算法进行了详细的解释,充分展现了分簇算法在智能机器网络中的特点及应用。

本 章 习 题

1. 简要概述邻居发现的过程和意义。

2. 邻居发现算法有哪几种分类?

3. 邻居发现算法目前遇到了什么困难? 提出可能的解决方案。

4. 波束对准问题中邻居发现存在哪些困难? 这些困难对组网过程造成了什么影响? 解决方法有哪些?

5. 如何建立邻居发现的算法模型?

6. 基于 Gossip 的邻居发现算法与直接发现算法有什么不同?

7. 简要概述 Gossip 算法的过程。

8. 比较 CRA 算法的三种传输与接收方式,描述各自的特点。

9. CRA 算法和 SBA 算法的区别是什么?

10. 简述分簇算法的不同划分标准。

11. 简述 LEACH 算法分簇的基本过程。

12. 简述 $K\text{-Means}$ 算法分簇的基本过程。

13. 已知网络中节点被选举为簇头的概率为 P，当前轮数为 10，G 为 $\frac{1}{P}$ 轮内没有被选举为簇头的节点集合，求 LEACH 算法选举簇头的阈值 $T(n)$。

本章参考文献

[1] Zhang Z，Li B. Neighbor discovery in mobile ad hoc selfconfiguring networks with directional antennas：Algorithms and comparisons[J]. IEEE Transaction on Wirless Communication，2008，7(5)：1540-1549.

[2] Kim H. Performance Analysis of K Means Clustering Algorithms for mMTC Systems[C]// 2020 International Conference on Information and Communication Technology Convergence (ICTC)，Jeju，Korea (South)，2020：30-35.

[3] Zhang Z. Performance of neighbor discovery algorithms in mobile ad hoc self-configuring networks with directional antennas[C]// MILCOM 2005 - 2005 IEEE Military Communications Conference，Atlantic City，NJ，USA，2005，7（5）：1540-1549.

[4] Liu B，Rong B，Hu R Q，et al. Neighbor discovery algorithms in directional antenna based synchronous and asynchronous wireless ad hoc networks[J]. IEEE Wireless Communications，2013，20(6)：106-112..

[5] Cai H，Wolf T. On 2-way neighbor discovery in wireless networks with directional antennas[C]// 2015 IEEE Conference on Computer Communications (INFOCOM)，Hong Kong，China，2015：702-710.

[6] 景中源，曾浩洋，李大双，等. 定向 Ad Hoc 网络中一种带冲突避免的邻居发现算法[J]. 通信技术，2015，48(5)：7.

[7] 施艳昭. 移动自组网络中低能耗邻居发现算法[J]. 新乡学院学报，2020，37(9)：4.

[8] 梁俊斌，周翔，李陶深. 移动低占空比无线传感网中低能耗的主动邻居发现算法[J]. 通信学报，2018，39(4)：11.

[9] Steenstrup M E . Neighbor discovery among mobile nodes equipped with smart antennas[J]. Proc. Scandinavian Workshop on Wireless Adhoc Networks，2003：1-6.

[10] Zhang Z，Li B . Neighbor discovery in mobile ad hoc self-configuring networks with directional antennas：algorithms and comparisons [J]. IEEE Transactions on Wireless Communications，2008，7(5)：1540-1549.

[11] 成卫青，张蕾. 二进制指数退避的 Gossip 算法研究[J]. 电子与信息学报，2021，43(12)：10.

[12] Bakht M，Trower M，Kravets R H . Searchlight：Won't you be my neighbor? [C]//Annual international conference on mobile computing and networking，2012：185-196.

[13] Zhang D，He T，Liu Y，et al. Acc：Generic on-demand accelerations for neighbor discovery in mobile applications[C]//Proceedings of the 10th ACM Conference on Embedded Network Sensor Systems. ACM，2012：169-182.

[14] Chen L，Shu Y，Gu Y，et al. Group-Based Neighbor Discovery in Low-Duty-Cycle Mobile Sensor Networks[J]. IEEE Transactions on Mobile Computing，2015，15 (8)：1996-2009.

[15] Zhang D，He T，Ye F，et al. Neighbor Discovery and Rendezvous Maintenance with Extended Quorum Systems for Mobile Applications[J]. IEEE Transactions on Mobile Computing，2017，16(7)：1967-1980.

[16] Purohit，Aveek，Bodhi Priyantha，Jie Liu. WiFlock：Collaborative group discovery and maintenance in mobile sensor networks[C]//Proceedings of the 10th ACM/ IEEE International Conference on Information Processing in Sensor Networks，Chicago，IL，USA，2011：37-48.

[17] 王昕羽,张航,孟旭东. 一种使用定向天线的 AdHoc 网络邻居发现算法[J]. 无线电工程，2014，44(2)：5.

[18] 牛莎莎. 无线传感器网络中的分簇算法研究[D]. 北京:北京邮电大学,2014.

[19] Muruganathan S D，Ma D C F，Bhasin R I，et al. A centralized energy-efficient routing protocol for wireless sensor networks[J]. IEEE Radio Communications，2005，45(3)：S8-13.

[20] Manjeshwar A，Agrawal D P . APTEEN：A Hybrid Protocol for Efficient Routing and Comprehensive Information Retrieval in Wireless Sensor Networks[C]//16th International Parallel and Distributed Processing Symposium Ft. Lauderdale，FL，USA，2002：8.

[21] Heinzelman W B，Chandrakasan A P，Balakrishnan H. An application-specific protocol architecture for wireless microsensor networks[J]. IEEE Transactions on Wireless Communications，2002，1(4)：660-670.

[22] Younis O，Fahmy S . HEED：A Hybrid，Energy-Efficient，Distributed Clustering Approach for Ad Hoc Sensor Networks [J]. IEEE Transactions on Mobile Computing，2004，3(4)：366-379.

[23] Peng Z X，Yun Z C. GAF algorithm for wireless sensor networks performance analysis and simulation[J]. Computer Simulation，2008，32(24)：104-106.

[24] Tolba F D，Ajib W，Obaid A. Distributed clustering algorithm for mobile wireless sensors networks[C]//SENSORS，2013 IEEE，Baltimore，MD，USA，2013：1-4.

[25] Fahim A M，Salem A M，Torkey F A，et al. An efficient enhanced k-means clustering algorithm[J]. 浙江大学学报：A 卷英文版，2006，7(10)：1626-1633.

[26] 周志华. 机器学习[M]. 北京:清华大学出版社，2016.

第6章　智能机器网络多址接入方法

6.1　引　言

第五代移动通信系统中提出了两种新的应用场景,分别为大规模机器通信(mMTC)场景和超可靠低时延通信(URLLC)场景。由于频谱的稀缺性,如何利用有限的频谱资源实现海量设备的接入成为面向 mMTC 场景多址接入技术的挑战。在智能机器网络中,根据组网模式的不同可以将多址接入技术分为面向移动通信网络的多址接入和面向自组织网络的多址接入。移动通信网络由于存在基站等通信基础设施,可以实现节点的高效接入;而自组织网络缺乏基础设施的支持,节点需要分布式地争抢信道,节点的接入效率相对较低。

本章的组织结构主要分为四部分:首先阐述多址接入技术在智能机器网络中的重要作用;其次介绍移动通信网络中的多址接入技术;然后介绍自组织网络中典型的多址接入技术;接着对智能机器网络多址接入技术的未来趋势进行介绍;最后对本章内容进行总结。

6.2　移动通信网络的多址接入技术

在移动通信网络中,常见的多址接入技术包括:时分多址接入(time division multiple access,TDMA)、频分多址接入(frequency division multiple access,FDMA)、正交频分多址接入(orthogonal frequency division multiple access,OFDMA)、码分多址接入(code division multiple access,CDMA)、空分多址接入(space division multiple access,SDMA)、非正交多址接入(non-orthogonal multiple access,NOMA)等。如图 6-1 所示,TDMA 技术通过为不同的用户划分不同的时间资源,实现不同用户的多址接入过程;CDMA 技术通过对用户数据信息进行编码,从而使得不同用户可以利用自己的解码方式从接收信号中解码出自己的信息;OFDMA 技术通过为每个收发链路分配不同的 OFDM 时频资源以区分不同的用户。随着 MIMO 技术的发展,移动通信网络具备基于波束方向的多用户传输能力。进而,提出了基于空分多址的 SDMA 技术,它可利用正交的空间波束集同时为多个不同方向的用户发送信息。NOMA 技术对使用同一个信道的不同链路质量的用户分别分配不同的功率,然后通过串行干扰消除(successive interference cancellation,SIC)技术恢复出每个用户的数据,从而能够满足物联网大规模连接的需求。

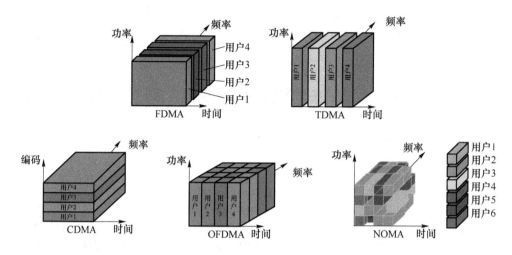

图 6-1　时分、频分、正交频分、码分多址与非正交多址结构示意图

6.2.1　频分多址

频分多址(FDMA)是经典的多址接入方法,用于第一代蜂窝移动系统(1st generation mobile communication technology,1G)。在 FDMA 中,可用信道带宽被划分为多个不重叠的频段,其中每个频带被动态分配给特定用户来传输数据。FDMA 允许用户同时传输在不重叠的频段上,一个频段只能被一个用户使用,一个用户可以使用多个频段,如图 6-2 所示。为了防止干扰,每个用户分配的频段由小的保护频段相互隔开。在数字通信系统中,FDMA 可以单独使用或与其他多址方式混合使用,一般多与 TDMA 或 CDMA 混合使用。

FDMA 是模拟通信中最主要的一种复用方式。然而,就功率和带宽的利用而言,它是低效的。如果一个 FDMA 信道没有被用户使用,那么它就处于空闲状态并且不能被其他用户使用。同时它的频谱效率很低,因为它必须使用保护频带来避免相邻信道的重叠,这反过来又会降低信道容量[1]。

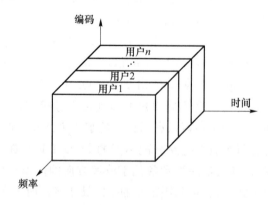

图 6-2　FDMA 示意图

6.2.2　时分多址(TDMA)

时分多址是以数字通信为主要特点的第二代移动通信技术(2nd generation mobile communication technology,2G)的核心技术。如图 6-3 所示,把时间分成周期性的帧,每一帧再分割成若干时隙,无论帧或时隙都是互不重叠的。每个物理信道在同一时刻只能供一个用户的数据传输使用。在移动通信网络中,基站按时隙排列顺序收发信号,各用户在指定的时隙内收发信号。

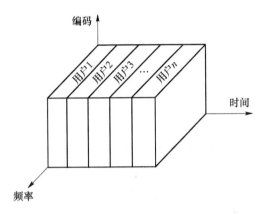

图 6-3　TDMA 示意图

同步是 TDMA 技术的关键要求之一。TDMA 的分时隙传输使得节点在每次收发过程中都需要进行同步,防止数据包碰撞。此外,因为节点间不能实现完美的同步,所以还需要保护间隔来将时隙分隔开。因此,TDMA 系统通常比 FDMA 系统需要更多的时间开销。但是,TDMA 可以灵活满足不同服务质量需求。例如,对于一些紧急业务,可以每一帧都分配一个时隙传输数据,而对于一些对时延要求较低的业务,可以两帧或几帧分配一个时隙供其传输数据。通常,频谱被划分为不相交的频带(FDMA),然后在给定的频带中使用 TDMA[2]。

6.2.3　码分多址

码分多址(CDMA)是 2G 和 3G 的核心技术,其基本思想是靠不同的地址码来区分不同用户。它的引入是为了解决 TDMA 和 FDMA 容量瓶颈问题。在移动通信网络中,每个配有不同的地址码的用户所发射的载波既受基带数字信号调制,又受地址码调制。在信号接收时,只有知道对应地址码的接收机,才能解调出相应的基带信号;而其他接收机因地址码不同,无法解调出信号[3]。

如图 6-4 所示,CDMA 可以与 TDMA、FDMA 结合使用,但是其设备复杂度和成本也会提升。采用 CDMA 可以增大通信系统的容量,降低用户平均发射功率。但是在实际应用中,复杂的多径传播环境会导致 CDMA 的性能较不理想。在 CDMA 系统内产生的干扰,如符号间干扰、多址干扰和邻小区干扰,使频谱利用率降低,最终导致系统容量变低。

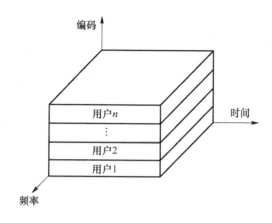

图 6-4 CDMA 示意图

6.2.4 空分多址

空分多址(SDMA)在我国第三代通信系统,即时分复用同步码分多址(time division-synchronous code division multiple access,TD-SCDMA)中引入,是智能天线技术的集中体现。SDMA 的发展得益于天线阵列技术的提升。定向天线由于使得信号发射有"指向性"且能量集中,因此能让用户之间的干扰减小,而且通信范围更大。因此,基于定向天线技术,可以同时向不同方向的用户发送信号。这种在发射方向上区分用户的多址接入技术就是SDMA。

SDMA 是一种信道扩容的方式,可以实现频率的重复使用,有利于充分利用频率资源。SDMA 还可以与其他多址方式相互兼容,从而实现组合的多址接入技术,如空分-码分多址(SD-CDMA)。多输入多输出(multiple input multiple output,MIMO)技术采用多天线生成多波束,同时支持多用户的传输,能充分利用空间资源,在不增加频谱资源和天线发射功率的情况下,成倍地提高系统容量。

6.2.5 正交频分多址

正交频分多址(OFDMA)技术是第四代移动通信技术(4th generation of mobile communications,4G)、第五代移动通信技术(5th generation of mobile communications,5G)乃至第六代移动通信技术(6th generation of mobile communications,6G)的关键技术之一。与 FDMA 相比,OFDMA 增加了正交特性。前面提到,FDMA 的两路信号频谱之间有保护间隔,使得信号间互相不干扰。然而,在 OFDMA 技术中,即使两路信号产生交叠,也能将两个信号分离出来,从而极大地提升了频谱效率。

相比于 FDMA,OFDMA 对频谱的划分更细粒化,频谱利用率更高。一个信道可以包含多个子载波[4]。FDMA 是以信道为单位分配给用户的,而 OFDMA 是以子载波为单位分配给用户的。OFDMA 拥有 FDMA 的优点,但是易受频率偏差的影响。由于信道存在时变性,传输过程中会出现如多普勒频移等的信号频率的偏移,会使得 OFDM 系统子载波之间的正交性遭到破坏，从而导致子信道间的相互干扰，使系统性能恶化。

6.2.6　非正交多址

非正交多址（NOMA）技术曾经作为 5G 候选的新型多址技术，虽然目前没有在商用的 5G 系统中应用，但是在学术上仍然继续研究，有望在未来移动通信系统中得到应用。NOMA 的关键技术之一是 SIC 技术[5]。SIC 技术的基本思想是采用逐级消除干扰的策略，在接收信号中对用户逐个进行判决，进行幅度恢复后，将该用户的信号产生的多址干扰从接收信号中减去，并对剩下的用户再次进行判决，如此循环操作，直至消除所有的多址干扰。下面通过具体的例子详细地描述 NOMA 的主要原理。

假设用户 i 的发送信号是 s_i，发射功率为 p_i。对一个 K 用户的上行功率域 NOMA 来说，基站端的接收信号可以表示为：

$$y = \sum_{i=1}^{K} \sqrt{p_i} h_i s_i + n \tag{6-1}$$

其中，h_i 表示用户 i 的信道增益，n 表示噪声，其功率谱密度为 N_0。为了更方便理解，假设系统中只有两个用户，分别为用户 1 和用户 2。如图 6-5 所示，用户 1 和用户 2 发送的信号 s_1 和 s_2 占用相同的频谱资源，两者相互干扰。在基站侧将会收到叠加的信号 $\sqrt{p_1} h_1 s_1 + \sqrt{p_2} h_2 s_2 + n$，无法在频域或者时域将两者区分开。此时，将会用到上文所说的 SIC 技术将叠加的信号逐个解调出来。首先，由于 $p_2 |h_2|^2 < p_1 |h_1|^2$（这是 SIC 成功的重要前提），可以把用户 2 的信号 s_2 看作噪声，解调出用户 1 的信号 s_1。若成功解调出用户 1 的信号，则从接收端接收到的叠加信号中减去用户 1 的信号。此时剩余的信号中，只有用户 2 的信号和高斯白噪声（如果用户 1 的信号没有被完美地消除，还可能存在用户 1 信号的残差），最后成功解调出用户 2 的信息。

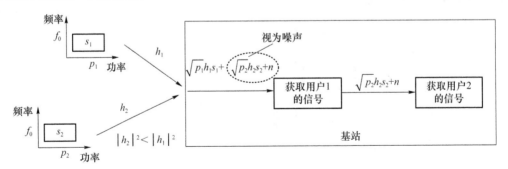

图 6-5　NOMA 干扰消除流程图

虽然采用 SIC 技术的接收机有一定的复杂度，但是可以提高频谱效率。用接收机的复杂度来换取频谱效率，这就是 NOMA 技术的本质。NOMA 的子信道传输依然可以采用 OFDMA 技术，但是一个子信道不再只分配给一个用户，而是多个用户共享。

NOMA 主要有以下特点。

（1）接收端采用 SIC 技术。NOMA 在接收端采用 SIC 技术来消除干扰，可以很好地提高接收机的性能。与正交传输相比，采用 SIC 技术的 NOMA 的接收机比较复杂，而

NOMA 技术的关键就是能否设计出复杂的 SIC 接收机。

（2）发送端采用功率复用技术。不同于其他的多址接入方案,功率域 NOMA 首次采用了功率域复用技术。一方面,在发送端中对不同的用户分配不同的发射功率,从而提高系统的吞吐率;另一方面,NOMA 在功率域叠加多个用户,在接收端,SIC 接收机可以根据不同的功率区分不同的用户。

6.3 自组织网络的多址接入技术

在介绍完移动通信网络中的多址接入技术后,接下来介绍自组织网络中的多址接入技术。在自组织网络中,各节点之间的通信链路可能会发生快速的变化,这对面向自组织网络的多址接入技术提出了挑战。自组织网络采用的多址接入协议主要是夏威夷加法链路在线（additive links on-line hawaii area,ALOHA）协议和载波侦听多路访问（carrier sense multiple access,CSMA）协议。

6.3.1 ALOHA 协议

ALOHA 协议是最早的无线数据传输协议,主要分为两类,分别是纯 ALOHA 协议和时隙 ALOHA 协议。接下来对这两种协议分别进行介绍。

（1）纯 ALOHA 协议

纯 ALOHA 协议的原理是,任何一个节点都可以在数据帧生成后立即发送,若发送失败,则经随机延时后再次发送。如图 6-6 所示,由于不考虑信道占用情况,ALOHA 协议导致碰撞概率较大,信道利用率较低。

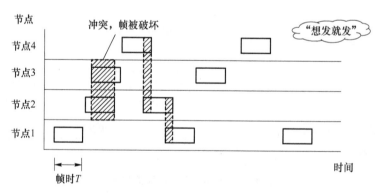

图 6-6 纯 ALOHA 协议数据传输示意图

接下来通过计算来分析此协议的吞吐量。

假设节点总有大量的数据帧要发送,每个帧都是同样大小,占用的时间长度为 T。假设一个节点在某个时刻 t_0 开始传输,为了使数据帧能成功传输,在时间间隔 $[t_0-T,t_0+T]$ 内不能存在任何正在传输节点。若时间 t 内有 k 个节点进行数据传输的概率服从泊松分布,

则在时间间隔 $[t_0-T, t_0+T]$ 内有 k 个节点进行数据传输的概率为

$$P(k)=\frac{(2G)^k \mathrm{e}^{-2G}}{k!} \tag{6-2}$$

其中,G 为一个时间 T 内节点发送的数据帧数的平均值,则节点成功发送的概率为

$$P_{\text{success}}=P(0)=\mathrm{e}^{-2G} \tag{6-3}$$

吞吐量定义为在一个时间 T 内发送成功的平均帧数,那么纯 ALOHA 协议的吞吐量可以计算如下:

$$S=GP_{\text{success}}=G\mathrm{e}^{-2G} \tag{6-4}$$

对式(6-4)求导可以得到:当 $G=0.5$ 时能够达到纯 ALOHA 协议的最大吞吐率,即约等于 0.184,也就是说纯 ALOHA 协议信道的利用率最高为 18.4%[6]。

（2）时隙 ALOHA 协议

如图 6-7 所示,在纯 ALOHA 协议的基础上,时隙 ALOHA 协议把时间分成时隙,时隙长度对应一个数据帧的传输时间,用户数据帧的产生是随机的,但时隙 ALOHA 不允许节点随机发送,任何帧的发送必须在时隙的起点。因此,数据传输冲突只发生在时隙的起点。若发生冲突,则必须在下一个时隙开始时刻再发送。

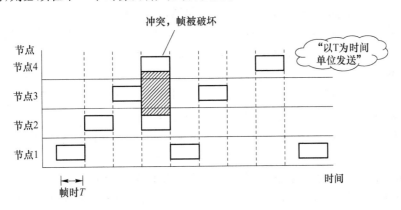

图 6-7　时隙 ALOHA 协议数据传输示意图

为了对比两种协议,同样分析时隙 ALOHA 协议的吞吐量。

假设一个时隙长度为 T,节点在 $[(n-1)T, nT]$ 时隙内产生了数据帧,并想要接入信道发送数据,则需要等到 nT 时刻将数据帧发送。节点成功发送的条件是在 $[(n-1)T, nT]$ 时隙内没有节点发送数据,则在 nT 时刻只有此节点占用信道。如图 6-8 所示,纯 ALOHA 协议的危险冲突区为 $2T$,而时隙 ALOHA 协议的危险冲突区为 T。相比纯 ALOHA 协议,需要保证成功发送的时间段缩小了一半。

根据式(6-3)和式(6-4),可以获得时隙 ALOHA 协议的吞吐量为:

$$S=G\mathrm{e}^{-G} \tag{6-5}$$

对上式求导可以得到,当 $G=1$ 时能够达到时隙 ALOHA 协议的最大吞吐率,即约等于 0.368,也就是说时隙 ALOHA 协议信道的利用率最高为 36.8%[6]。相比纯 ALOHA 协议,时隙 ALOHA 的吞吐量提高了 1 倍,但是它对时间同步的要求更高。

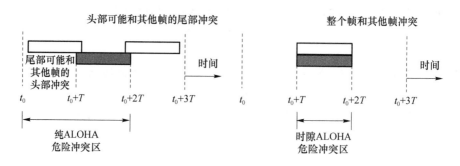

图 6-8　ALOHA 协议危险冲突区

6.3.2　CSMA 协议

CSMA 协议是一种先"听"后"发"的随机接入协议[7]。节点在发送数据前先监听信道是否被其他节点占用,只有在信道空闲时才发送,信道忙则等待。节点在发送数据包前,会先发送 3 个控制包,分别是发送请求(require to send,RTS)、发送清除(clear to send,CTS)和确认(acknowledgment,ACK)数据包。控制包通常比数据包短,如果发生碰撞,那么信道占用资源的损失也较小。如果控制包能够成功发送,那么数据包将不会发生碰撞。其原因是,发送节点附近的任何节点在通过物理层的物理载波监听技术侦听这些控制包后,都必须推迟接入信道,直到 CTS、RTS 中包含的预计占用信道时间结束[8]。监听到 RTS,CTS 的节点会维护自身的网络分配向量(network allocation vector,NAV),根据信道的预计占用时间及时更新 NAV,每个节点在接入信道前会先检查 NAV 向量,如果大于 0,那么认为有节点在占用信道。MAC 层使用 NAV 实现虚拟侦听,结合物理载波监听技术,保证了载波侦听的准确性[9]。

因此,节点需要在持续检测到信道空闲一段指定时间后才能接入信道。IEEE 802.11 标准规定,这段时间称为帧间间隔 IFS(inter frame space)。帧间间隔的长短取决于该节点要发送的帧的类型。常用的两种帧间间隔如下。

① 短帧间间隔 SIFS(short inter frame space),长度为 28 μs,是最短的帧间间隔,用来分隔开属于一次对话的各帧。一个节点应该能够在这段时间内从发送方式切换到接收方式。使用 SIFS 的帧类型有 ACK 帧、由过长的 MAC 帧分片后的数据帧等。

② DCF 帧间间隔 DIFS(distributed inter frame space),长度为 128 μs,在 DCF 方式中用来发送数据帧和管理帧。

流程如图 6-9 所示,CSMA/CA 的流程如下。

① 若节点最初有数据要发送(而不是发送不成功再进行重传),且检测到信道空闲,在等待时间 DIFS 后,就发送整个数据帧。

② 否则,节点执行 CSMA/CA 协议的退避算法。一旦检测到信道忙,就冻结退避计时器。只要信道空闲,退避计时器就进行倒计时。

③ 当退避计时器时间减少到零时,节点就发送整个的帧并等待确认。

④ 发送站若收到确认,就知道已发送的帧被目的节点正确收到了。这时如果要发送第二帧,就要从上面的步骤②开始,执行 CSMA/CA 协议的退避算法,随机选定一段退避时间。

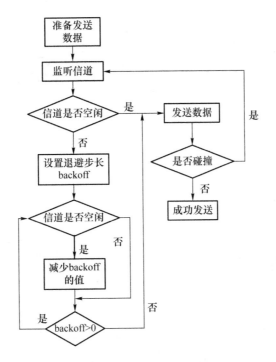

图 6-9　CSMA/CA 竞争接入信道流程图

接下来介绍 CSMA/CA 的退避算法：

① 在执行退避算法时，站点为退避计时器设置一个随机的退避时间：

- 当退避计时器的时间减小到 0 时开始发送数据；
- 当退避计时器的时间还未减小到 0 时而信道又转变为忙状态时，就冻结退避计时器的数值，重新等待信道变为空闲，经过 DIFS 后，继续启动退避计时器。

② 在进行第 i 次退避时，退避时间 在 $\{0,1,\cdots,2^i-1\}$ 中随机选择一个数，然后乘以基本退避时间就可以得到随机的退避时间。当系数 i 达到最大退避系数之后最大退避时间就不再增加。

为了分析稳态下的节点接入控制信道概率分布，建立马尔可夫模型对 CSMA/CA 进行分析，计算不同状态下的概率。如图 6-10 所示，令 $W_i=2^iW$，$i\in[0,m]$，W 代表退避的基数。模型中的关键假设是：在每次传输尝试中，无论遭受多少次重传，每个数据包都会以恒定且独立的概率 p 碰撞。直观地说，只要 W 和 n 足够大，那么在每次传输尝试中每个数据包都会以恒定且独立的概率 p 碰撞。p 被称为条件碰撞概率。一旦假设了独立性，并被认为是一个恒定值，就有可能使用图中描述的离散时间马尔可夫链对二维状态过程进行建模，状态 (a_1,a_2) 表示在节点的第 a_1 次重传过程中退避计时器为 a_2 的状态。

在这个马尔可夫链中，唯一的非零一步转移概率是：

$$\begin{cases} P\{i,k\mid i,k+1\}=1 & k\in(0,W_i-2) & i\in(0,m) \\ P\{0,k\mid i,0\}=(1-p)/W_0 & k\in(0,W_0-1) & i\in(0,m) \\ P\{i,k\mid i-1,0\}=p/W_i & k\in(0,W_i-1) & i\in(1,m) \\ P\{m,k\mid m,0\}=p/W_m & k\in(0,W_m-1) \end{cases} \tag{6-6}$$

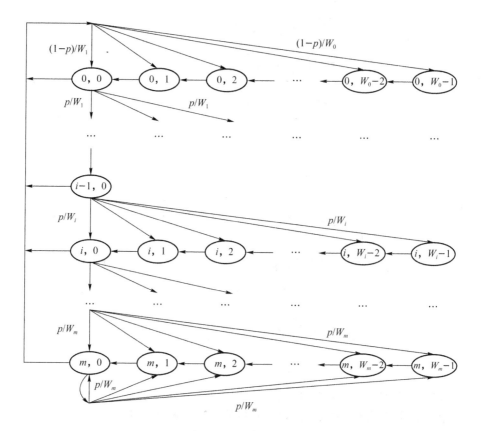

图 6-10　马尔可夫状态转移图

定义稳态分布 $b_{i,j}=\lim\limits_{t\to\infty}p\{a_1(t)=i,a_2(t)=j\}$，则稳态条件下转移概率为：

$$\begin{cases} b_{i-1,0}\cdot p=b_{i,0}, & 0<i<m \\ b_{m-1,0}\cdot p=(1-p)b_{m,0} \end{cases}$$ (6-7)

用 $b_{0,0}$ 表示 $b_{i,0}$ 各项，则公式(6-7)可写成：

$$\begin{cases} b_{i,0}=p^i b_{0,0}, & 0<i<m \\ b_{m,0}=\dfrac{p^m}{1-p}b_{0,0} \end{cases}$$ (6-8)

此外，由马尔可夫状态图可得出 $b_{i,j}$ 各项：

$$b_{i,k}=\frac{W_i-k}{W_i}\cdot\begin{cases} (1-p)\sum\limits_{j=0}^{m}b_{j,0}, & i=0 \\ p\cdot b_{i-1,0}, & 0<i<m \\ p\cdot(b_{m-1,0}+b_{m,0}), & i=m \end{cases}$$ (6-9)

由于概率归一性：

$$\sum_{i=0}^{m}\sum_{j=0}^{W_i-1}b_{i,j}=1$$ (6-10)

结合式(6-8)、式(6-9)和式(6-10)可得出：

$$1 = \sum_{i=0}^{m} \sum_{k=0}^{W_i-1} b_{i,k} = \sum_{i=0}^{m} b_{i,0} \sum_{k=0}^{W_i-1} \frac{W_i-k}{W_i} = \sum_{i=0}^{m} b_{i,0} \frac{W_i+1}{2}$$
$$= \frac{b_{0,0}}{2} \left[W \left(\sum_{i=0}^{m-1} (2p)^i + \frac{(2p)^m}{1-p} \right) + \frac{1}{1-p} \right]$$

因此,

$$b_{0,0} = \frac{2(1-2p)(1-p)}{(1-2p)(W+1)+pW(1-(2p)^m)} \tag{6-11}$$

则由式(6-11)可得,处于传输状态的概率:

$$\tau = \sum_{i=0}^{m} b_{i,0} = \frac{b_{0,0}}{1-p} = \frac{2(1-2p)}{(1-2p)(W+1)+pW(1-(2p)^m)} \tag{6-12}$$

除节点本身外,在同一时隙内至少存在一个节点正在发送数据,则节点接入控制信道会发生冲突。那么,冲突概率可以表示为:

$$p = 1-(1-\tau)^{n-1} \tag{6-13}$$

假设在考虑的时隙时间内至少有一个节点传输的概率 P_{tr}。由于节点在信道上竞争,每个节点都以概率 τ 传输,则

$$P_{tr} = 1-(1-\tau)^n \tag{6-14}$$

信道处于非空闲状态的条件下,只有一个节点占用信道,那么信道上便发生一次成功传输。则信道上发生的传输成功的概率 P_s 为:

$$P_s = \frac{n\tau (1-\tau)^{n-1}}{P_{tr}} = \frac{n\tau (1-\tau)^{n-1}}{1-(1-\tau)^n} \tag{6-15}$$

因此,吞吐量为:

$$S = \frac{P_s P_{tr} E[P]}{(1-P_{tr})\sigma + P_{tr}P_s T_s + P_{tr}(1-P_s)T_c} \tag{6-16}$$

这里,$E[P]$ 为平均数据包有效载荷大小。如图 6-11 所示,T_s 是信道因节点传输成功而被占用的平均时间,T_c 是信道因发生碰撞而被占用的平均时间。σ 是空时隙时间的持续时间。当然,这些值的单位相同。

$$\begin{cases} T_s = RTS+SIFS+\delta+CTS+SIFS+\delta+H+E[P]+SIFS+\delta+ACK+DIFS+\delta \\ T_c = RTS+DIFS+\delta \end{cases} \tag{6-17}$$

其中,H 为数据包头,δ 为传播延迟[10]。

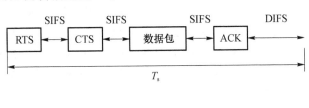

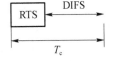

图 6-11　成功发送和发生碰撞占用信道时间示意图

6.4 智能机器网络多址接入技术未来趋势

面对 6G 网络的环境感知信息获取、信息共享传输等需求，现有 5G 网络已无法满足对控制信息逐层分发的高效闭环信息流传输要求。当前网络接入过程的瓶颈主要表现为，当终端接入网络出现点数据冲突和信道拥塞时，无法保障组网过程的确定性及高效的闭环控制。6G 通感一体化多址接入技术通过协调感知和通信信息，实现通信感知联动的接入过程，降低网络接入冲突和拥塞，实现高效闭环信息流控制。

在传统网络中设备节点依赖接收设备提供的逻辑地址信息进行接入，在 6G 闭环控制网络中，这种通过交互方式获取节点逻辑地址信息的方式具有延迟大的问题，从而无法满足 6G 网络在信息传输与信息共享方面的性能需求。利用通感一体化技术，发射端通过接收感知回波信号实现对接收端位置的探测与追踪，提升通信节点的空分多址接入效率。此外，通过网络泛在主动感知，发射端可以实时根据接收端运动状态信息进行接入资源调整，为通感一体化通信闭环接入控制提供重要数据支撑。通感联动的多址接入技术主要涵盖以下四类。

（1）通感一体化时分多址接入技术

在不同的时隙分别实现感知或者无线通信功能。这种时分多址的接入方式，可以根据不同的业务需求灵活设计不同的通信与感知时隙配比，提高频谱利用效率。通感一体化帧结构中将按时隙划分感知子帧和通信子帧，从而抑制或避免通信和感知信号间的互干扰[11]，实现通感一体化高效协调联动。

（2）通感一体化正交频分多址接入技术

通过为通信与感知功能分配不同的正交子载波，达到二者同时运行且互不干扰的效目的。通感算一体化网络会根据信道条件、关键绩效指标需求以及发射端的功率预算分配不同的子载波，以更高效地分配接入频率资源。不过由于 OFDM 信号对于子载波正交性的要求，需要在通信和感知子载波之间设定较大的保护间隔，从而避免通感一体化信号的相互干扰。

（3）通感一体化码分多址接入技术

对基带发射符号进行码分扩展，系统的收发方间基于协议交互确定使用的扩展码，一方面，在进行通信解码的过程中获得码分增益，提高在同等信干噪比下的通信可靠性；另一方面，更高的可靠性使得通信信号可以更精确地恢复出来，利用 SIC 等技术即可更准确地恢复混叠信号中的感知回波信号，协调优化一体化信号的通信和感知性能。

（4）通感一体化空分多址接入技术

传统移动通信网络只能通过多次通信协议交互来分辨环境中的节点数目以及其传输信道特性，会带来较高的不确定性，会造成较大的延迟。在 6G 通感算一体化网络中，通感一体化技术可以提升设备双方对彼此的空间感知能力。在明确收发双方位置和运动状态的情况下，通感一体化网络通过通信感知协调联动实现节点发现、接入过程和数据传输过程。

6.5　总　　结

在本章中,我们首先介绍了多址接入技术对于智能机器网络的重要意义。然后,按组网模式将多址接入技术进行了分类。对面向自组织网络的 ALOHA 协议和 CSMA/CA 协议进行了更加详尽的解释,充分展现了多址接入技术在自组织网络中的应用方式及特点。最后,面向智能机器网络高效闭环信息流传输需求,亟须研究通感联动的多址接入协议,这是智能机器网络多址接入方法未来的研究方向。

本 章 习 题

1. 无线局域网为什么用 CSMA/CA 而不用 CSMA/CD?

2. CSMA/CA 协议中的 DIFS 可以用 SIFS 替代吗?

3. CSMA/CA 怎么检测信道空闲?

4. 设系统采用 FDMA 多址方式,信道带宽为 25 kHz。在 FDD 方式下,系统同时支持 100 路双向语音传输,需要多大系统带宽?

5. 设在一个纯 ALOHA 系统中,帧长度 15 ms,数据包到达率为 8 pkt/s,试求一个消息成功传输的概率。

6. 设在一个时隙 ALOHA 系统中,帧长度 15 ms,数据包到达率为 8 pkt/s,试求一个消息成功传输的概率。

7. OFDMA 能应用在高速移动的场景中吗?

8. 在 LTE 系统中,下行链路采用 OFDMA,上行链路为什么不采用 OFDMA?

9. 在一个 OFDM 系统中,数据传输使用 48 个子载波,一个 OFDM 符号长度为 8 μs,其中循环前缀长度为 1.6 μs,子载波间隔是多少?

10. 在上题的 OFDM 系统中,若每个子载波采用 64QAM 和 1/2 码率的信道编码,不考虑参考信号在时间上的开销,则总的信息传输速率是多少 bit/s?

本章参考文献

[1] 中国通信学会. 通感算一体化网络前沿报告[R]. 中国:中国通信学会,2021.

[2] Grami, Ali. Communication networks[C]// Introduction To Digital Communications (2016):457-491.

[3] Curt M White. Encyclopedia of Information Systems [M]. USA:Academic Press,2003.

[4] Ahmadi, Sassan. 5G NR:Architecture, technology,implementation,and operation of 3GPP new radio standards[M]. Academic Press, 2019.

[5] Islam, SM Riazul, et al. Power-domain non-orthogonal multiple access (NOMA) in

5G systems：Potentials and challenges［J］. IEEE Communications Surveys & Tutorials, 2016，19(2)：721-742.

［6］ Kurose J F，Ross K W. Computer networking：a top-down approach［M］. 6th ed. Boston：Pearson，2013.

［7］ 谢希仁.计算机网络.［M］.7 版.北京:电子工业出版社,2017.

［8］ 胡剑,杨平.基于 CSMA/CA 的无线自组网 MAC 协议性能分析[J].舰船电子工程，2010,30(02):71-75.

［9］ 白旭东.无线局域网 MAC 层竞争协议的研究[D].西安:西安电子科技大学,2015.

［10］ Bianchi G. Performance analysis of the IEEE 802. 11 distributed coordination function[J]. IEEE Journal on Selected Areas in Communications，2000,18(3):535-547.

［11］ Zhang Q，Wang X，Li Z,et al. Design and Performance Evaluation of Joint Sensing and Communication Integrated System for 5G MmWave Enabled CAVs[J]. IEEE Journal of Selected Topics in Signal Processing2021，15(6)：1500-1514.

第7章 智能机器网络路由技术

7.1 引 言

无线自组织网络(wireless Ad Hoc networks)典型的应用场景有飞行自组织网络(flying Ad Hoc network,FANET)、车载自组织网络(vehicular Ad Hoc network,VANET)、工业无线网络等。典型的 Ad Hoc 网络拓扑结构如图 7-1 所示,图中每个字母代表一个节点。路由协议在 Ad Hoc 网络中发挥着重要的作用[1]。例如,在无人机网络中,为了适应无人机高速高动态飞行带来的网络拓扑结构快变的情况,需要设计高效的路由协议来保障无人机网络的有效性和可靠性。

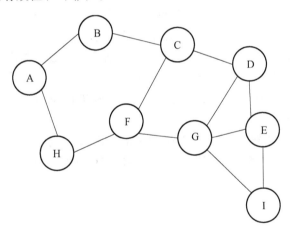

图 7-1 Ad Hoc 网络拓扑结构示意图

Ad Hoc 网络主要具有以下特点[2]。

① 网络的独立性:它可以在不需要网络基础设施支持的情况下,不受时间、地点的约束,快速构建网络。

② 动态变化的网络拓扑结构:Ad Hoc 网络中的节点可以任意运动,并且节点同时还作为路由器转发路由信息[1]。因此,节点的运动会使 Ad Hoc 网络拓扑结构不断发生变化,而且变化的方式和速度都是随机的。

③ 节点能源有限:由于节点往往处于持续的运动状态,依赖电池提供能源,节点能源通常受限。

④ 分布式特性:Ad Hoc 网络中没有中心节点,节点通过分布式协议相互连通,当某些节点发生故障时,其余节点仍然能够彼此连接,正常工作。

Ad Hoc 网络具有动态变化的拓扑结构,网络拓扑结构的变化容易使节点所掌握的网络状态信息过期。为了进行有效通信,必须在移动节点之间建立合适的路由,因此设计一种有效和健壮的路由算法是非常必要的。

7.2 自组网中的路由技术

7.2.1 路由评价指标

路由协议一般采用以下指标来评估。

① 数据包到达率[3]:数据包到达率是指源节点发送的数据包与目的节点接收到的数据包的个数之比,常用百分比表示。比如,源节点发出 100 个数据包,目的节点收到的数据包只有 80 个,数据包的到达率为 80%。在理想状况下数据包到达率应为 100%,但是受链路状态和信号冲突等因素的影响,数据包的到达率总小于 100%。

② 端到端时延:端到端时延是指数据包从源节点到目的节点所需要的时间。端到端时延越小,数据的实时性越好,网络性能越好。

③ 跳数:跳数是指数据包从源节点到目的节点需要转发的次数。Ad Hoc 网络中跳数越多,传输的可靠性越差;跳数越少,节点通信的范围越小。

④ 吞吐量:吞吐量是指成功接收到的数据包中所含有效数据与传输这些数据包所需要总时间之比,它反映的是网络传输有效数据的能力。

⑤ 路由开销[3]:路由开销是指数据包传输过程中所有的路由控制开销,控制包越多,路由开销越大。

以上性能指标相互关联,并需要相互折中考虑。例如,对于安全类消息的发布,往往要求时延非常小,数据包到达率高;而对于多媒体娱乐信息,时延要求不高,吞吐量的要求却比较严格。

7.2.2 路由分类

1. 基于拓扑的路由协议[4-6]

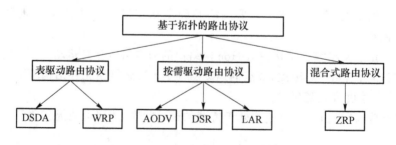

图 7-2　Ad Hoc 网络基于拓扑的路由分类[4]

（1）表驱动路由协议

表驱动路由协议也称为主动路由协议或者先验式路由协议。每个节点维护一张包含目的节点路由信息的路由表。源节点一旦需要发送报文，可以立即获得到达该目的节点的路由。当网络拓扑发生变化时，更新路由表信息，并把这个更新消息传遍整个网络。表驱动的路由协议信息发送的效率较高，适合无人机网络等拓扑快速变化的网络。目前常用的表驱动路由协议主要有 DSDV（destination sequenced distance vector）、WRP（wireless routing protocol）等。表驱动路由协议的缺点在于：节点需要在固定时间对路由信息进行交换，增加了网络开销，这会降低网络的扩展性，因此只适合小规模的网络。

（2）按需驱动路由协议

按需驱动路由协议又称为反应式路由协议，与表驱动路由协议相反，该类协议并不提前生成路由，而是仅在源节点需要传输数据时才生成路由。因此，路由表信息是按需建立的。按需路由包括路由发现和路由维护两个阶段。多种按需驱动路由协议的差别表现在发现路由的过程、取得和维护信息的方法、传输数据的方式。按需驱动路由协议主要包括 AODV（Ad Hoc on-demand distance vector routing）、DSR（dynamic source routing）和 ABR（associativity-based routing）等。按需驱动路由协议的缺点在于：每次发送数据之前需要开启路由发现过程，路由延时较大。

（3）混合式路由协议

混合式路由协议是以上两种类型的结合，在节点可通信范围内使用表驱动路由协议，维护准确的路由信息，并可以缩小路由控制消息传播的范围。若目的节点较远，则使用按需驱动路由协议查找发现路由。该类型协议降低了主动发现路由的开销和网络资源的浪费。

2. 基于位置的路由

基于位置的路由利用节点间共享的位置信息选择路由。在选择下一跳中继时，当前中继节点将选择在位置上更加靠近目的节点的邻居节点作为下一跳中继节点，每一个中继节点都采用该方法来选择下一跳中继节点，直至数据包到达目的节点。这种方法不再需要维护全网的链路状态和所有节点之间的路由信息，从而降低了路由开销[7]。典型的路由协议为贪婪周边无状态路由（greedy perimeter stateless routing，GPSR）协议。

3. 基于簇的路由

基于簇的路由（cluster-based routing，CBR）协议是一种混合路由协议，在基于簇的路由中，首选将节点划分为簇，每个簇包含一个簇首（cluster head，CH）和多个簇内成员，簇首负责管理簇成员和同步簇之间的通信。数据包被传递给簇首，由簇首决定将数据包传递给该簇内的某个成员节点或传递给某个相邻簇的簇首[8]。分簇的目的在于减少控制开销并提高网络的可扩展性。通过分簇，只有簇首需要寻找到目的节点的路由，因此路由开销与网络中簇的数量成正比而与网络中节点的数量无关。然而频繁地选取簇首增加了与簇首选取相关的控制开销。典型的基于簇的路由协议为低功耗自适应集簇分层型协议（low energy adaptive clustering hierarchy）。

4. 基于生物智能的路由

在自然界中，蚂蚁在觅食的过程中沿着行进路径释放信息素并优先选择信息素浓度高的路径行进，因而总能快速找到巢穴与食物源之间的最短路径；蜜蜂在采蜜的过程中采用分工合作模式并相互进行信息交流,因而总能高效地采蜜;蜘蛛在捕食的过程中通过蛛网结构能够快速找到猎物的位置。生物极具智慧的行为总能很好地解决自然界中的优化问题,在自组网中路由路径的选择问题往往能够被建模成优化问题,许多研究者借鉴自然界中的生物行为来解决自组网中的路由问题。典型的基于生物智能的路由有基于蚁群优化路由[9]、基于人工蜂群路由[10]、基于人工蛛网路由等。

7.3 常见的基于拓扑的路由协议

7.3.1 DSR 协议

DSR(dynamic source routing)算法是一种源节点触发的按需式路由算法,仅当网络中的节点开始需要发送数据信息时才会开启路由发现的过程[11]。每个数据信息头部都携带有到达目的节点所需要的节点列表。

1. 路由发现过程

如图 7-3 所示,当源节点 S 准备向目的节点 D 传输信息时,会根据不同的情况决定是否需要广播 RREQ(路由请求消息),如果本节点有通往目的节点的路由则直接采用这条路径发送信息,否则启动路由发现过程。

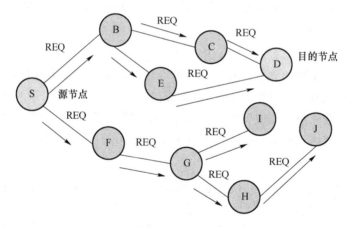

图 7-3 DSR 算法发现过程

路由请求消息分组格式如表 7-1 所示。

表 7-1 DSR 路由请求消息分组格式

路由请求识别码(RREQ ID)
目的节点地址
目的节点序列号
源节点地址
路由记录表

路由请求消息分组中包含路由请求识别码、目的节点地址、目的节点序列号、源节点地址、路由记录表等。中间的路由节点通过比较请求识别码与目的节点的地址是否一致,判断之前是不是收到过一样的路由请求,以阻止重复进行路由发现过程。

2. DSR 路由回复

路由回复也就是当目的节点 D 接收到路由请求后沿路由返回的 RREP(路由应答消息),如图 7-4 所示。

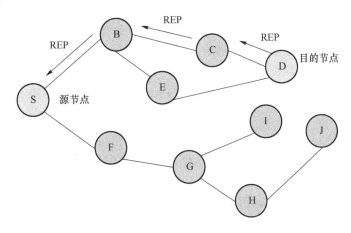

图 7-4　DSR 路由回复过程

当某个节点收到源节点 S 发出的路由请求消息时,会按如下几种情况进行处理:

① 若本节点在最近收到的路径列表里发现该路由请求或者在 RREQ 记录中包含本节点,则舍弃该请求消息,以免出现路由环路;

② 若本节点是此次路由发现的目的节点,该节点将直接产生一个 RREP 消息传给源节点 S,并且会在 RREP 消息里加入 RREQ 记录列表里的路由;

③ 若本节点仅仅是某个中间节点,就会在 RREQ 记录列表里加入自身的地址,接着再继续广播 RREQ 消息。

3. DSR 路由维护

在无线自组织网络里,节点随意运动导致拓扑构造动态变化。一条路由中的某两个节点间路由链路断开或者失效时,在指明某条路径无效后,会利用 RERR(路由错误信息)来告知源节点 S,源节点接收到 RERR 消息后,当需要发送数据时,就会利用另外通往目的节点 D 的路径,或者再发出 RREQ 消息,重新寻找通往目的节点 D 的路径,这个过程就称为路由维护[11]。

如图 7-5 所示,若 B 与 C 中间的路径中断,则 B 节点不能将源节点 S 发送的数据信息转发至 C,判断 B 与 C 之间发生中断的标准就是 B 发出了很多 RREQ 消息,然而没有收到 C 节点的 RREP。此时,B 将向 A 发出一条路由错误信息。A 节点接收到此条路由错误信息后,就会在路由缓存表里把此条路由删除。只要缓存路由表里还存在可用的路由,源节点就可直接采用该可用路由路径发送数据,否则需要再次广播 RREQ 消息。

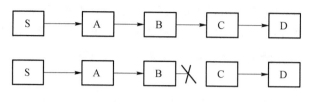

图 7-5　DSR 路由维护

4. DSR 的优点

（1）不依赖于其他节点的信息，减少了带宽的占用和所需的能量。

（2）节点的高速缓冲区储存了到目的节点的多条路由，当一条路由断开时，节点可以在高速缓冲区中找到备用的路由。

（3）只在需要进行通信的路由节点间进行路由的维护，这样能够降低路由维护需要的开销。

5. DSR 的缺点

（1）存在资源浪费的情况，比如路由寻找过程中控制消息有时会对整个网络的全部节点进行控制。

（2）数据报文头部必须加长，因为任何一个数据的报文头部都必须要携带整条路径的路由信息。

（3）发送数据时都必须开启路由发现过程，存在时延问题。

7.3.2　DSDV 协议

DSDV（destination sequenced distance vector）协议是逐跳的距离矢量路由协议。DSDV 为每一条路由设置一个序列号，序列号大的路由为优选路由，序列号相同时，跳数少的路由为优选路由。DSDV 协议适合用于节点静止而高实时性的智能机器网络场景（如仓库自动仓储环境中），所有智能机器节点保持地理位置不变并维护一张通往其他节点的路由表。

1. DSDV 路由原理

DSDV 协议中节点可以快速建立路由并进行数据的传输，该协议始终使用标有最新序列号的路径，有助于识别出过时的路径，从而避免形成回路。DSDV 路由算法的优势在于克服了路由环路和无穷计数的不足。每一节点都拥有完整的路由表，路由表中的信息主要是目的节点及其距离信息，通过网络定期广播来确保节点处于连接状态。该协议中节点每次公告都会增加自己的序列号并且只使用偶数值，如果一个节点不再可达，则将该节点的序列号加 1（奇数序列号），并且设置当前节点到达目的节点的度量值为∞。节点传输报文时选择具有最高序列号的路由条目。

2. DSDV 路由表结构

如图 7-6 所示，在 DSDV 协议中，每个节点的路由表包括 4 部分：目的节点、下一跳节点、当前节点到达目的节点的度量值（距离值）和目的节点的序列号。其中目的节点的序列号由目的节点自己分配，当前节点根据目的节点的序列号来决定是否继续转发更新这条路由,以此来防止路由环路的产生。

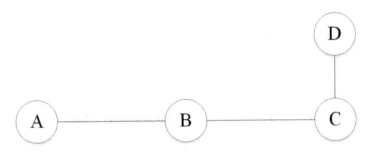

- Dest.:目的节点
- Next:下一跳节点
- Metric:度量值
- Seq.:目的节点的序列号

图 7-6　DSDV 路由表

3. DSDV 路由状态更新举例

在正常情况下,节点 A 能正确到达节点 B、节点 C 和节点 D,且距离分别是 1、2 和 3。节点 A、节点 B 和节点 C 的路由表中,所有目的节点对应的序列号都被设置为偶数。

在特殊情况下,节点 A 和节点 B 之间的链路突然断开了,如图 7-7 所示。对节点 B 而言,它会检测到这条链路已断开,随即会修改到节点 A 的距离,从 1 修改为无穷大,同时目的节点 A 对应的序列号 Seq. 也会增加到 101。(注:对于节点 A 而言,它也会检测到与节点 B 之间的链路断开,同样会修改它的路由表,但这里因为节点 A 已不在右侧的网络中,故图中不显示节点 A 中的路由信息修改情况。)

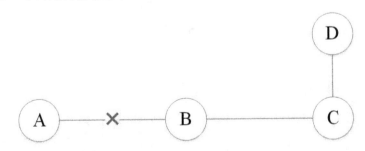

图 7-7　节点 A 与节点 B 的链路断开

但是对于节点 C 而言,它并没有意识到节点 A 和节点 B 之间的链路已断开,所以它仍然会向邻节点 B 广播其更新过后的路由信息,其中节点 C 到节点 A 的距离值为 2,目的节点 A 对应的序列号仍是 100,如图 7-8 所示。

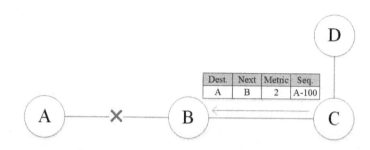

图 7-8 节点 C 广播路由信息

节点 B 收到来自节点 C 的路由信息后,若发现这条信息中节点 A 对应的序列号小于它自身路由表中节点 A 对应的序列号,则节点 B 会直接舍弃这条信息,保持最新的路由信息,如图 7-9 所示。实际上,节点 B 也有可能在检测到它与 A 之间链路断开之前就收到来自节点 C 的路由更新信息。但它会定期检测自身链路情况,若检测到与 A 之间有断开的链路,则节点 B 就会按照上文所说的方法修改自身的路由表,这与检测到链路断开后再收到节点 C 的路由信息产生的结果是一样的。

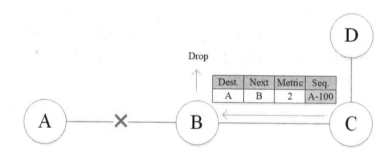

图 7-9 节点 B 舍弃节点 C 的广播信息

节点 B 修改了路由表后,会向邻节点广播更新后的路由信息,如图 7-10 所示。节点 C 就会收到来自节点 B 的更新,并修改自己的路由信息,如图 7-11 所示。经过多次广播后,路由状态的更新就会扩散到整个网络。

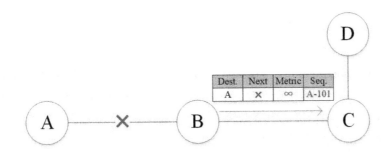

图 7-10　节点 B 广播路由信息

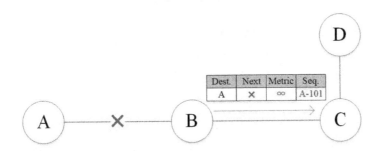

图 7-11　节点 C 更新路由信息

4. DSDV 的优点

（1）DSDV 协议解决了传统协议中的计数到无穷问题，增强了网络的稳定性和鲁棒性[12]。

（2）DSDV 协议是表驱动路由协议，当数据需要传输时，会立刻发送，时延较小。

（3）DSDV 协议具有简单性，仅在原有路由表中增加了序列号。

5. DSDV 的缺点

（1）DSDV 协议的网络中每个节点都需要维护最新的路由信息，这会增加网络的开销。不停地更新路由信息会占用很大带宽甚至导致整个网络不可用[6]。

（2）每个节点需要维护一张相当大的路由表，这会快速消耗节点的能量[12,13]。

（3）当网络拓扑发生变化时，整个网络需要一定时间来完成所有节点的路由信息更新（达到聚合状态），产生额外的时延[13]。

7.3.3 AODV 协议

AODV(Ad Hoc on-demand distance vector routing)是一种专门为了无线自组织网络设计的改进协议。本质上来说,AODV 路由协议是对 DSDV 路由协议和 DSR 路由协议的综合。它不但借鉴了表驱动协议中节点的全局路由表结构,还采用了按需路由思想,不再需要维护整个网络的拓扑信息,只有在没有到达目的节点的路由时才会发起路由发现过程。与 DSDV 相同,AODV 的路由表中的每个项都使用了目的序列号,该序列号由目的节点创建,可以避免路由环路的产生。

1. AODV 的路由表结构

AODV 路由表结构如表 7-2 所示。

表 7-2 AODV 路由表结构

DestlPAddress
DestSeqNum
DestSeqNumflag
OtherState&RoutingFlag
NetInterface
Hopcount
NextHop
PreList
Lifetime

- DestlPAddress:目的节点 IP 地址,是后续查找网络路由的关键依据。
- DestSeqNum:目的节点序列号,用来标识路由信息的新旧程度,避免产生环路。
- DestSeqNumflag:目的节点序列号标记,是判定路由表序列号是否有效的依据。
- OtherState&RoutingFlag:其他状态和路由标志,用来标记路由过程中的一些状态信息,比如有效、无效、可修复、正在修复等相关状态。
- NetInterface:网路层接口,是节点访问信道的接口。
- Hopcount:代表从本节点到达目的节点所需要经过节点的个数。
- NextHop:用来记录到达目的节点的可用路径的下一跳节点的 IP 地址。
- PreList:先驱链表,用来记录路由表信息中邻节点的相关信息。
- Lifetime:生命周期,用来标记该路由表项信息或者删除该表项的时间。

2. AODV 的数据分组

与 DSR 协议相同,AODV 路由协议中定义了三种数据分组,分别是路由请求分组 RREQ(Route Request)、路由应答分组 RREP(Route Reply)和路由出错分组 RERR(Route Error),如图 7-12 所示。此外,路由应答分组 RREP 还包括路由回复确认分组 RREP-ACK 和 HELLO 报文两种。

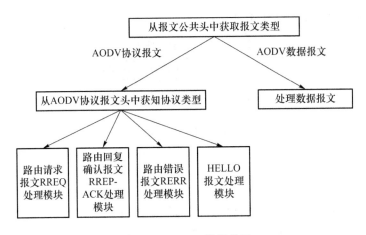

图 7-12　AODV 数据分组

（1）RREQ 分组

当一个节点无法找到到达目的节点的可用路由时，它会采用向其邻居节点广播 RREQ 数据分组的方式来寻找并建立有效的路由通路。RREQ 分组格式如表 7-3 所示。

表 7-3　RREQ 分组格式[11]

Type	J	R	G	D	U	Reserved	Hopcount
RREQ ID							
DestIPAddress							
DestSeqNum							
SourceIPAddress							
SourceSeqNum							

（2）RREP 分组

当路由请求到达目的节点或者中间节点有一条"足够新"的路由可以到达目的节点时，目的或者中间节点会以单播的方式向源节点回复一个 RREP 分组，RREP 沿着之前建立的逆向路径返回到源节点，源节点收到该 RREP 分组后开始向目的节点发送数据。RREP 分组格式如表 7-4 所示。

表 7-4　RREP 分组格式[11]

Type	R	A	Reserved	PreSize	Hopcount
DestIPAddress					
DestSeqNum					
SourceIPAddress					
Lifetime					

（3）RERR 分组

在数据传输过程中，当中间节点检测到链路中断时，会向源节点单播路由出错分组 RERR，源节点收到 RERR 分组后就知道当前存在失效的路由，随后根据 RERR 中的不可达信息重建路由。RERR 分组格式如表 7-5 所示。

表 7-5　RERR 分组格式[11]

Type	N	Reserved	DestCount
UnreachedDestlPAddress1			
UnreachedDestSeqNum1			
UnreachedDestlPAddress2			
UnreachedDestSeqNum2			

（4）RREP-ACK 分组

当网络中存在单向连接而导致路由发现的往返过程无法完成时，就需要 RREP-ACK 分组来协助完成。RREP-ACK 分组格式如表 7-6 所示。

表 7-6　RREP-ACK 分组格式

Type	Reserved

（5）HELLO 分组

HELLO 分组在路由维护过程中主要用来检测邻居链路的连通性。HELLO 分组格式如表 7-7 所示。

表 7-7　HELLO 分组格式

Type	Reserved
DestlPAddress	
DestSeqNum	
Hopcount	
Lifetime	

3. AODV 路由发现过程

当源节点 S 准备向目的节点 D 发送数据时，源节点首先检查是否存在通往目的节点的路由：若存在，则开始发送数据；否则，源节点将进行路由的发现过程。源节点 S 先建立一个 RREQ 分组，此分组里有跳数数目、目的节点与源节点的地址、RREQ 识别码等，然后将请求信息广播出去。

在邻节点 A 接收到请求消息后，A 会查询本地缓存信息中是否有通往目的节点 D 的有用路径：若不存在，则再次将请求消息广播出去，并创立去往源节点 S 的逆向路径。在 RREQ 发送到 B 后，同样按照 A 的方法进行处理，创建通往源节点的反向路由，接着向邻节点转发广播分组。所有的邻节点都将持续这个过程，直到某节点发现本地缓存中有通往目标节点 D 的有效路由，或者请求消息已经被 D 节点所接收为止。

对于节点 C，它的下一跳地址就是目的节点地址，C 的本地缓存信息里有通往目的节点 D 的有用路径信息，节点 C 将立即产生一个 RREP 消息，这个消息里包含了目标节点与源节点的地址，分组消息的生成周期，等等。RREP 消息会沿着早已创建好的反向路由，传递到源节点 S。

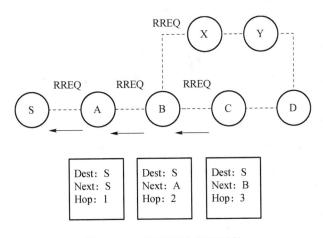

图 7-13　AODV 路由发现过程

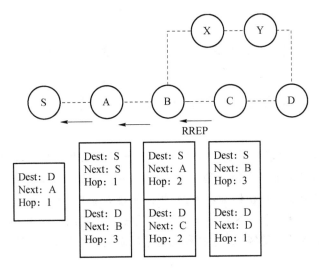

图 7-14　AODV 路由发现过程

路由的寻找过程完成后,源节点 S 便可以沿着路径 S-A-B-C-D 发送数据信息了。

4. AODV 路由维护过程

如图 7-15 所示,当节点 C 与节点 D 之间由于某些原因链路发生中断时,C 首先会尝试修复链路,若不能修复好,则 C 删除在本地缓存路由表里通往目标节点 D 的有关路由表项,并且构建和广播 RERR 路由错误分组。

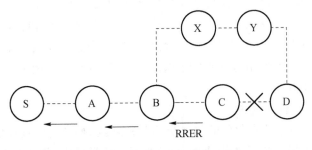

图 7-15　AODV 路由维护过程

B 接到 RERR 报文后，依据报文里的提示，检查到达目的节点 D 的路径的下一跳是不是 C；若答案是肯定的，则 B 就把所有与节点 C 相关的信息删除，并继续广播此 RERR 报文；若检测到 C 不是 B 的下一跳地址，或 B 没有通往故障产生点 D 的有关路径信息，则不会继续发送此 RERR 报文。如此不断转发，所有必须途径故障节点才能通往目标节点 D 的路径全部更新完毕。

5. AODV 的优点[12-14]

（1）节点只对需要的路由进行存储，按需进行，可减少存储能量。

（2）使用序列号机制，可阻止路由环路的产生。

（3）有很好的网络扩展性。

6. AODV 的缺点

（1）每个中间节点要分析从链路层到上层的头部结构，不仅耗费时间而且还增加了能量消耗。

（2）发送时延较大。

（3）没有提供额外的通往目的节点的路径，当这条路径不再有效时没有其他备选路径。

7.4　面向智能机器网络的路由技术的未来趋势

智能机器网络拓扑频繁变化会带来节点的邻居变化以及初始网络拓扑失效问题。因此，需要设计新型的邻居维持和路由管理方法。充分利用感知先验信息和运动状态、无线域、网络域等的历史信息设计机器学习模型，预测智能机器的未来状态，设计高效的路由方法，实现智能机器广域感知与快速组网的协同。无线自组织网络中的路由协议应该增强自适应性，既要满足业务的传输需求，也要降低路由机制的复杂性，节省路由开销，从而更高效地利用有限的网络资源。

（1）感知先验信息与运动状态

在动态网络中，节点通过加速度、GPS 或北斗卫星导航系统（beidou navigation satellite system，BDS）信息和路径预测可以得到比较稳定的路由。考虑加入智能机器位置预测模型并与邻居发现紧密结合，设置时间间隔，根据模型预测未来节点位置，从而节点间将会有较稳定的连接，得到更加稳定的路由。

（2）基于机器学习的路由

通过深度学习和增强学习设计自适应的概率优化 QoS 传输需求。使用卷积神经网络（convolutional neural networks，CNN）等机器学习方法识别网络特征，评估网络性能并指导路由决策[15]。通过将网络流量特征和链路状态特征合成网络特征矩阵作为 CNN 的输入，使 CNN 能够准确识别网络特征并判断网络的实际性能，进而做出更优的路由决策并降低延时和网络通信开销。

（3）针对路由稳定性的改进

考虑信道衰减。一个节点收到的信号受到两种衰减的影响：大规模的路径损耗和多径衰落[16]。信号经过衰减后在接收端叠加，相位接近时信号增强，相反时信号减弱，因此信道衰减会导致信号强度变化,而信号强度变化会导致每个节点传输范围变化,考虑固定的传输范围无法获取稳定的路由。未来应充分考虑信道衰减导致的动态节点传输范围变化,选择权重最高的路由传输。

本 章 习 题

1. 在无线自组织网络中,路由协议分为哪几种,分别有什么特点?

2. 基于拓扑的路由协议分为哪几种,分类标准是什么?

3. 说出常见的基于拓扑的路由协议名称及特点,思考其应用场景。

4. 思考基于簇的路由协议中采用什么样的思想。

5. 贪婪周边无状态路由采用哪两种数据包传输方式?简要描述这两种传输方式的内容。

6. DSR 协议和 AODV 协议有什么相同点和不同点?

7. AODV 协议和 DSDV 协议有什么相同点和不同点?

8. 在 DSDV 协议中,如果某节点发现与其他节点链路断开,那么该节点以及网络中其他节点的路由表会发生什么变化?

9. 在路由发现过程中,什么时候节点会发送 RREP 分组消息返回源节点?以 AODV 为例,简要描述路由发现过程。

本章参考文献

[1] 宋树丽. 无线自组网 AODV 路由协议的研究与优化[D]. 石家庄:河北科技大学,2020.

[2] 朱文凯. 无线 Ad Hoc 网络路由协议研究[D]. 西安:西安电子科技大学,2007.

[3] 刘振,尹洪胜,张凯. 基于网络模拟的自组网路由协议分析[J]. 通信技术,2008,No. 196(4):147,148,151.

[4] Sharma N,Ali S. Study of Routing Protocols in MANET-A Review[C]//2019 6th International Conference on Computing for Sustainable Global Development (INDIACom). 2019,1245-1249.

[5] Mistry H P,Mistryn H. A survey:Use of ACO on AODV & DSR routing protocols in MANET [C]//2015 International Conference on Innovations in Information,Embedded and Communication Systems (ICIIECS). 2015,1-6.

[6] PARVATHI P Comparative analysis of CBRP,AODV,DSDV routing protocols in mobile Ad-hoc networks [C]//2012 International Conference on Computing,Communication and Applications. 2012,1-4.

[7] 祝经,周新力,宋斌斌,等.无人机自组网 GPSR 路由协议研究[J].兵器装备工程学报,2021,42(12):81-86.

[8] 赵洪岩.面向无人机自组织网络的分簇路由协议研究[D].沈阳:沈阳理工大学,2021.

［9］　孙明杰,周林,于云龙,等. 无人机自组网中基于蚁群优化的多态感知路由算法[J]. 系统工程与电子技术,2021,43(9):2562-2572.

［10］　吴绘萍,蒋永国. 基于人工蜂群算法的 WSN 分簇与路由算法[J]. 计算机工程与设计,2018,39(4):965-973.

［11］　黄声培. 无人机自组网 DSR 协议研究[D]. 桂林:桂林电子科技大学,2022.

［12］　Sureshbhai T H, Mahajan M, Rai M K. An Investigational Analysis of DSDV, AODV and DSR Routing Protocols in Mobile Ad Hoc Networks［C］// 2018 International Conference on Intelligent Circuits and Systems（ICICS）. 2018, 281-285.

［13］　EL KHEDIRI S,NASRI N, BENFRADJ A，et al. Routing protocols in MANET: Performance comparison of AODV，DSR and DSDV protocols using NS2［C］//The 2014 International Symposium on Networks，Computers and Communications. 2014:1-4.

［14］　Razouqi Q,Boushehri A, Gaballah M，et al. Extensive Simulation Performance Analysis for DSDV,DSR and AODV MANET Routing Protocols［C］//2013 27th International Conference on Advanced Information Networking and Applications Workshops. 2013：335-342.

［15］　杜嘉诚. 基于机器学习的无线网络智能路由算法研究［D］. 成都:电子科技大学,2021.

［16］　吕文红,屈衍玺,徐锋,等.车载自组织网络中 AODV 协议研究进展[J].山东科技大学学报(自然科学版),2021,40(3):105-115.

第8章 面向智能机器的通信感知一体化技术

随着"中国制造 2025""新一代人工智能发展规划"等国家战略的深度推进,物联网、人工智能、大数据、自动化技术正在整合与重构传统产业,传统产业正在经历数字化、网络化、智能化的改造,从而涌现出智慧城市、智能交通等新型应用。《中华人民共和国国民经济和社会发展第十四个五年规划和 2035 年远景目标纲要》("十四五"规划)指出:"推进产业数字化转型,推进新型智慧城市建设,在智能交通等重点领域开展试点示范",对智慧城市、智能交通等新型应用作出重点布局。这些应用的要素由人转向智能机器,信息处理流程包括感知、通信、计算与决策等,以实现虚拟空间与物理空间的耦合。这些应用亟需具有感知、通信等功能的新型信息基础设施来支持。实际上,"十四五"规划针对智慧城市、智能交通等建设作出明确指示:"将物联网感知设施、通信系统等纳入公共基础设施统一规划建设"[1]。而移动通信系统作为支撑智慧城市、智能交通等新型应用的重要基础设施,正在不断突破第五代移动通信系统(5G)增强型移动宽带(eMBB)、低时延高可靠通信(URLLC)、超大规模机器类通信(mMTC)三大应用场景,正在不断融入无线感知等功能,逐渐演变为融合感知和通信能力的统一的基础设施,以支撑智慧城市、智能交通等国家重点布局的新型应用。

移动通信系统通过通信和感知的融合,可以实现无线感知功能,即通过分析无线信号的直射、反射、散射信号,获得对目标或物理空间信息的感知[1],从而实现目标定位、环境重构等功能。无线感知主要包括主动感知和被动感知。如图 8-1 所示,在主动感知中,感知者通过接收自己发射的信号被目标反射后的回波来感知目标;被动感知是感知者通过接收目标发射的信号,或者接收其他发射机在目标处的散射信号,来感知目标。具备无线感知功能的基站,即通信感知一体化基站实现了虚拟空间与物理空间的耦合,是支持智能交通等新型应用的统一基础设施。通信感知一体化基站系统具有如下优势。

① 高资源利用率:通过通信感知一体化技术,感知与通信功能复用相同的软硬件和频谱资源,提升了资源利用率[3]。实际上,高资源利用率是通信感知一体化技术最初的研究动机之一。

② 远距离感知:由于移动通信基站的功率较大,可以实现远距离感知。2021 年 12 月 30 日,华为技术有限公司(华为)完成了全球首个面向 5G-Advanced(5G-A)的通信感知一体技术验证,测试结果表明,5G 通感一体的探测距离超过 500 m,超过现场实测交通雷达覆盖距离 1 倍,位置精度达到车道级[4]。实际上,远距离感知正是通信感知一体化技术相比其他传感器的独特优势,因此在智能交通、低空飞行器监测等需要远距离感知的领域具有广阔的应用前景。

③ 通感性能互增强:通信感知一体化技术可以实现通信与感知功能的互增强,利用感知先验信息可以提升波束对准[5]、邻居发现[6]等性能;利用通信交互可以提升感知精

度[7]。而通信感知一体化技术中的通感互增强机理是目前通信领域的学者较为关心的研究主题。

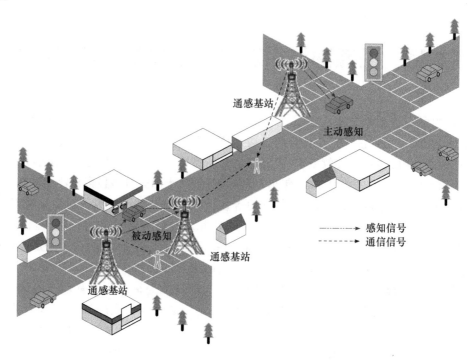

图 8-1　通信感知一体化的概念和应用场景

　　本章聚焦于第六代(6G)移动通信系统中潜在的关键技术之一,即通信感知一体化技术。随着移动通信系统的工作频段从低频逐渐向高频延伸,雷达与通信在工作频段逐渐重合,这为通信和感知一体化设计提供了可能。通信与感知融合的关键技术之一在于波形上的融合。本章首先介绍典型的雷达波形及信号处理算法,然后初步介绍通信感知一体化波形 OFDM 及其信号处理算法。

8.1　通信感知一体化的发展历程

　　通信感知一体化最早的相关概念是"雷达通信一体化"。雷达通信一体化的概念是在有源相控阵雷达(active phased array radar, APAR)的基础上发展起来的,APAR 每个辐射器都能收发电磁波的特性使得这一概念成为可能[8]。总的来说,雷达和通信的概念、原理是不同的。但是随着技术的发展,二者在频谱、天线等方面越来越相似[9],这为雷达与通信的一体化设计提供了可能。早在 1963 年,Mealey 等人提到通过雷达发射的部分脉冲可以向空中飞行器传递信息[10]。20 世纪 80 年代美国国家航空和航天局(NASA)提出的航天飞机计划已经涉足雷达通信一体化系统的设计[11]。20 世纪 90 年代开始,各国争相开展了雷达通信一体化技术的研究。美国海军研究局(ONR)于 1996 年启动了先进多功能射频概念(AMRFC)计划,尝试利用收发分离的宽带射频前端孔径同时综合雷达、电子战、通信等功能;德国、英国等国也相继开启了雷达通信一体化技术的研究。雷达通信一体化技术从雷达角度出发,利用雷达实现远距离隐蔽通信。随着移动通信的发展,在通信系统上实现雷达感知功能也获得了国内外学者的广泛关注,而该技术的名称仍未统一,有 Integrated Sensing and Communication (ISAC)、Joint Sensing and Communication (JSC)、Radar-Communication Integration (RCI)、Joint Communication and Radar Sensing (JCRS)等,本项目采用 IMT-2030(6G)推进组的术语,即"通信感知一体化技术"这个名称。

立足于通信系统实现通信感知一体化技术获得了国内外学者的广泛研究。2006 年,中国科学院大学陈冰等人利用直接序列扩频(DSSS)的安全性设计通信感知一体化信号,该系统利用不同的伪随机(PN)码扩频雷达和通信的频谱,以避免相互干扰[12]。2011 年,德国卡尔斯鲁厄理工学院的 Strum 等人首次提出了 24GHz 基于正交频分复用(OFDM)的通信感知一体化系统设计方案[13],他们论证了 OFDM 信号具有很高的雷达成像动态范围[14],并实现了多目标探测[15]。2013 年,美国国防高级研究计划局(DARPA)提出的 Shared Spectrum Access for Radar and Communications(SSPARC)计划进一步推动了通信感知一体化技术的发展[16]。2017 年开始,刘凡等人研究了感知和通信共享空域资源的方案[17],他们还研究了通信感知一体化多输入多输出(MIMO)基站的波形优化技术[18]。Dokhanchi 等人将相位调制连续波(PMCW)和 OFDM 信号结合,根据感知的 MMSE 性能、通信的误比特率(BER)和吞吐量性能,权衡一体化信号的设计[19]。澳大利亚悉尼科技大学 Andrew Zhang 等人提出了一种利用模拟天线阵列实现雷达和通信功能的新型多波束复用框架,并提出了感知移动网络的概念[20]。

在 5G 新无线(NR)时代,基于移动通信系统的通信感知一体化技术备受关注,华为等通信巨头致力于在 3GPP、IEEE 等标准化组织立项研究通信感知一体化技术。南方科技大学、华为、香港中文大学(深圳)、北京邮电大学等机构的学者在 IEEE ComSoC 成立了"通信感知一体化"新兴技术倡议委员会(ETI-ISAC)。IMT-2030(6G)推进组认为通信感知一体化技术是 6G 的潜在关键技术,召集华为、大唐移动通信设备有限公司、OPPO、VIVO 等公司以及电子科技大学、北京邮电大学、西安电子科技大学、南方科技大学等高校共同攻关通信感知一体化基础理论和关键技术。立足于已经大规模商用的 5G,IMT-2020(5G)也在同步推进通信感知一体化技术在 5G-A 中的应用。2020 年年底,大唐在中国通信标准化协会(CCSA)TC5 WG6 工作组立项"无线通信与无线感知融合技术与方案研究"项目。2021 年 4 月,尉志青代表北京邮电大学在 CCSA TC5 WG6 工作组牵头标准立项"智能机器网络感-传-算一体化架构与技术研究",与清华大学、中兴通讯、中国移动、中国联通、中国电信、之江实验室一起推动感-传-算一体化机器网络的架构和关键技术研究。在众多机构和学者的共同努力下,通信感知一体化技术获得了学术界和产业界的广泛关注。2022 年 1 月,尉志青(序 3)参与完成了《通感算一体化网络前沿报告》并在中国通信学会正式线上发布,该报告由中国通信学会组织、北京邮电大学张平院士和中国电信集团有限公司科创部王桂荣总经理担任专家指导,旨在推动面向 6G 的通感算一体化网络相关技术发展,促进学术界与产业界达成共识,推进通感算一体化网络技术走向成熟与商用。

通信感知一体化有广阔的应用场景,通信感知一体化系统利用获得的感知信息可以提供定位、成像、环境重构等业务,与智能机器的应用场景相匹配。面向下一代移动通信网络,通信感知一体化技术将实现虚拟世界和物理世界的融合交互,为不断涌现的工业智能机器、智能医疗、智能交互等新兴业务场景提供底层能力支撑。本章先介绍典型雷达波形及其信号处理方法,然后介绍基于 OFDM 的通信感知一体化波形和信号处理。

8.2 脉冲雷达感知技术

脉冲雷达发射和接收较短的高频脉冲来感知目标,发射和接收信号在时间上是分开的,因此不需要复杂的自干扰消除算法。脉冲雷达多用于测距,尤其适于同时测量多个目标的距离。

本节从测角、测距、测速三个方面分别介绍脉冲雷达感知技术,其中测角和测距技术主要参考丁鹭飞的著作《雷达原理》(本章参考文献 21)。测速技术主要参考刘丽华在多普勒雷达测速系统研究中的多普勒原理(本章参考文献 22)。

8.2.1 脉冲雷达测角原理

两天线相位法测角如图 8-2 所示。

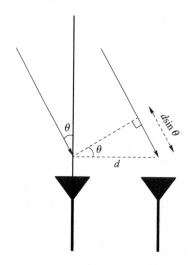

图 8-2 两天线相位法测角示意图

若两天线之间的距离为 d,远远小于目标到接收天线的距离,则可以认为目标反射的回波到达接收天线时近似为平面波。

目标到 A,B 两点的距离相等,回波到 A,B 两点的相位也相等,回波到接收点的距离相差 $d\sin\theta$,θ 是来波方向,d 是天线间距,假设对应的相位差为 ϕ。一个波长 λ 对应相位差为 2π,那么,$d\sin\theta$ 距离对应的相位 ϕ 为:

$$\phi = \frac{2\pi d\sin\theta}{\lambda} \tag{8-1}$$

即:

$$\theta = \arcsin\left(\frac{\phi\lambda}{2\pi d}\right) \tag{8-2}$$

相位差 $\phi \in [-\pi,\pi]$ 时,波达方向 θ 对应的取值范围是 $(-\theta_{max}, \theta_{max})$。将 π 代入上式,得

到最大的角度搜索边界值：

$$\theta_{\max} = \arcsin\left(\frac{\lambda}{2d}\right)$$ (8-3)

8.2.2 脉冲雷达测距原理

脉冲雷达测距原理是测量电磁波脉冲往返雷达与目标之间的时间，然后推算出雷达与目标的距离，如图 8-3 所示。设电磁波传播速度为 c，电磁波往返雷达与目标的时间为 τ，则目标相对雷达的距离 R 为：

$$R = \frac{c\tau}{2}$$ (8-4)

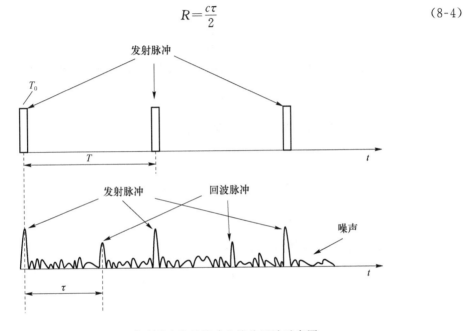

图 8-3　脉冲雷达发射脉冲和接收回波示意图

由于脉冲雷达在收发信号时共用同一套天线系统，因此在发射脉冲的 T 时间内，接收机是关闭的，同时收发切换也有一定的延迟 t_0。在这段时间内，雷达无法进行接收回波并测距。因此雷达的最小可测距离的是：

$$R_{\min} = \frac{1}{2}c(T_0 + t_0)$$ (8-5)

而最大可测距离（或者称为最大无模糊距离），代表一个发射脉冲在下一个发射脉冲发出前能向前走并返回雷达的最长距离，其取决于发射脉冲的重复周期，重复周期越长，最大无模糊距离也越大，但受限于雷达功率和噪声的干扰，重复周期并不能无限增加。设重复周期脉冲宽度时间为 T，则最大无模糊距离为：

$$R_{\max} = \frac{1}{2}cT$$ (8-6)

当目标超出最大无模糊距离时，即回波延迟超过了重复周期，会发生测距模糊，将远目标错认为近距离目标。

8.2.3 脉冲雷达测速原理

如图 8-4 所示,脉冲雷达测速主要是利用多普勒效应原理:当目标向雷达靠近时,回波信号频率向高频区域偏移;反之当目标驶离雷达时,回波信号频率向低频信号偏移,频率的变化与速度成一定的数学关系,因此可以通过测得频率的变化来估计目标的速度。

图 8-4　双程多普勒示意图

因为雷达测速信号经过了往返的过程,所以需要得到双程多普勒频移与目标速度的数学表达式关系。假定目标的移动速度为 v,则入射波相对于移动目标的入射频率为:

$$f_1 = \frac{(c \pm v)}{\mp v} f_0 \tag{8-7}$$

同理,反射波到达接收机,接收到的回波频率为:

$$f_2 = \frac{\mp v}{c \mp v} f_1 \tag{8-8}$$

最终,雷达接收机接收到的回波频率和发射波频率的关系为:

$$f_2 = \frac{\mp v}{c \mp v} \frac{(c \pm v)}{\mp v} f_0 = \frac{(c \pm v)}{c \mp v} f_0 \tag{8-9}$$

所以双程多普勒频移 f_d 可以表示为:

$$f_d = f_0 - f_2 \approx \frac{\pm 2v}{c} f_0 \tag{8-10}$$

8.3　连续波雷达感知技术

8.3.1　连续波雷达测角原理

连续波雷达测量角度的基本原理也是利用多天线的相位差[21]。

如图 8-5 所示,利用接收天线间的相位差得到目标的角度 θ。

$$\Delta\phi = 2\pi \frac{d\sin\theta}{\lambda} \tag{8-11}$$

$$\theta = \sin^{-1}\left(\frac{\lambda\Delta\phi}{2\pi d}\right) \tag{8-12}$$

其中,θ 是来波方向,d 是天线间距,λ 是回波波长,$\Delta\phi$ 是回波到达不同天线的相位差。

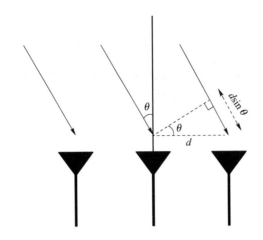

图 8-5 多天线连续波测角示意图

8.3.2 连续波雷达测距与测速原理

单频连续波雷达无法区别发射波与接受回波,所以无法通过信号的发射与返回时间而测距,同时若通过测量回波信号中的相位估计目标的距离,其最大不模糊距离仅有波长的一半,这是远远达不到实际测距需求的。因此用于测距的连续波雷达一般采用双频连续波雷达、多频连续波雷达以及调频连续波雷达[23]。本节将简单介绍经典的调频连续波的测距和测速原理。

线性调频信号的数学表达式:

$$s(t) = \text{rect}\left(\frac{t}{T}\right)\exp(\text{j}\pi kt^2) \tag{8-13}$$

则相位的表达式为:

$$\phi(t) = \pi kt^2 \tag{8-14}$$

对时间取微分后得到瞬时频率:

$$f = \frac{1}{2\pi}\frac{\text{d}\phi(t)}{\text{d}t} = kt \tag{8-15}$$

如图 8-6 所示,实线是发射信号,虚线是经过目标反射的回波信号。发射信号频率表示为 f_T,回波信号频率表示为 f_R,回波时延滞后为 $\tau = 2R/C$,其中 c 是电磁波传播速度,R 是目标相对于雷达的距离。调制的最大频移为 ΔF,发送信号平均频率为 f_0,调制周期为 T。

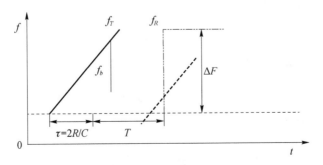

图 8-6 目标静止时调频连续波差频示意图

当目标静止时,发射信号和回波信号的差频为:

$$f_b = f_T - f_R = \frac{\Delta F}{T} \times \tau = \frac{\Delta F}{T} \times \frac{2R}{c} = \frac{2\Delta FR}{Tc} = \frac{2k}{c}R \tag{8-16}$$

因此,可以通过计算回波与发射信号的差频的大小来估计目标相对于雷达的距离。

当目标移动时,回波与发射信号的频率如图 8-7 所示。

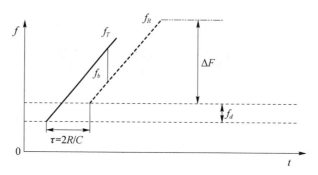

图 8-7　目标运动时调频连续波差频示意图

因此,回波与发射信号的差频为:

$$f_b = \frac{\Delta F}{T}\tau - f_d = \frac{2k}{c}R - f_d \tag{8-17}$$

通过式(8-17)可以得到,单一斜率的调频连续波雷达存在距离-多普勒耦合。

双斜率的调频连续波雷达可以解耦距离-多普勒耦合,常用的调制方式为三角波调制,调制频率如图 8-8 所示。

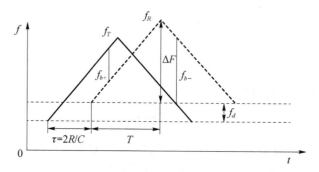

图 8-8　目标运动时三角波调频连续波差频示意图

运动目标的正斜率的差频为:

$$f_{b+} = f_T - f_R = \frac{2k}{c}R - f_d \tag{8-18}$$

运动目标的负斜率的差频为:

$$f_{b-} = f_R - f_T = -\frac{2(-k)}{c}R + f_d = \frac{2k}{c}R + f_d \tag{8-19}$$

目标距离可以估计为:

$$R = \frac{1}{2}\frac{c}{2k}(f_{b+} + f_{b-}) \tag{8-20}$$

目标的速度可以估计为:

$$f_d = \frac{f_{b-} - f_{b+}}{2} \tag{8-21}$$

$$v = \frac{f_d c}{2 f_0} \tag{8-22}$$

8.4　OFDM 雷达感知技术

8.4.1　OFDM 波形

正交频分复用技术(orthogonal frequency division multiplexing,OFDM)是通过多载波调制(MCM)发展而来的,并且被视作特殊多载波方案,OFDM 的实现复杂度低,应用范围广。

用 OFDM 信号实现多载波调制的原理是把一个带宽较宽的大信道分解成多个并行的带宽较窄的子信道,因此每个窄的子信道经过的衰落为平衰落。在具体实现的过程中,我们会输入 N 个传输速度很快的串行数据,这 N 个数据经过串并变换变为 N 个并行的子数据流,经过串并转换后的数据传输速度变慢,速度变为之前的 $1/N$。这 N 个并行数据被调制到载波不同的子信道上并且相互正交,在接收端我们可以很好地还原出所传输的数据。

当子载波的数目为 N 时,通过串并转换将串行数据变为 N 个一组的并行数据。d_0,d_1,$\cdots$,d_{N-1} 即经过 PSK 或者 QAM 星座映射后的一组并行数据,它对载频为 f_0,f_1,$\cdots$,f_{N-1} 的 N 个子载波进行调制,得到一个 OFDM 符号 $s(t)$。假设一个 OFDM 符号的持续时间为 T,载波频率为 f_c,那么频带的 OFDM 时间表达式可以表示为:

$$s(t) = \begin{cases} \sum\limits_{i=-\frac{N}{2}}^{\frac{N}{2}-1} d_{i+\frac{N}{2}} \exp\left[j2\pi\left(f_c - \frac{i+0.5}{T} \right)(t-t_s) \right], & t_s \leqslant t \leqslant t_s + T \\ 0, & t < t_s, t > t_s + T \end{cases} \tag{8-23}$$

OFDM 有更简单的方法来实现,对于式(9-23)可以令 $t_s = 0$,对 OFDM 信号 $s(t)$ 进行周期内 N 次取样,让 $t = kT/K(k=0,1,\cdots,N-1)$,我们可以得到:

$$s_k = s\left(\frac{kT}{N} \right) = \sum_{i=0}^{N-1} d_i \exp\left(j\frac{2\pi ik}{N} \right), \quad 0 \leqslant k \leqslant N-1 \tag{8-24}$$

由式(9-24)可知,s_k 可以通过 d_i 进行 IDFT 变换后得到,我们同样可以在接收信号后对 s_k 进行 DFT 变换还原出数据 d_i:

$$\hat{d}_i = \sum_{k=0}^{N-1} s_k \exp\left(-j\frac{2\pi ik}{N} \right) = d_i, \quad 0 \leqslant i \leqslant N-1 \tag{8-25}$$

图 8-9 是 OFDM 信号传输的流程图。我们首先将 01 序列经过调制得到的数据 $d(k)$,进行串并转换得到以 N 个为一组的并行信号;然后我们将得到的并行数据 $\{x_0, x_1, \cdots, x_{N-1}\}$ 映射到 OFDM 的 N 个载频上,通过 IFFT 得到 OFDM 的离散信号 $\{s_0, s_1, \cdots, s_{N-1}\}$;再后我们对该信号插入其最后 L 个数据在最前端作为 CP,经过 D/A 转换后得到连续的 OFDM 信号,经过多径信道收到噪声的干扰后到达接收端;接下来进行相反

操作,通过 A/D 变换后得到离散信号,去除循环前缀进行 IFFT 的反变换 FFT;最后通过星座逆映射并串转换得到接收数据。

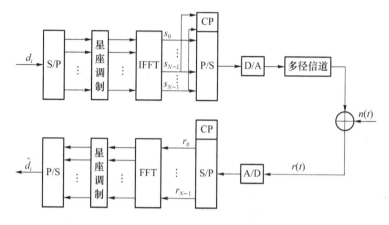

图 8-9　OFDM 系统框图

8.4.2　OFDM 雷达测速测距

Strum 首先提出了车载雷达利用 OFDM 波形测距测速方法[13],本节对该算法进行简单讲述。

我们发出一个 OFDM 信号,让其在距离 r_1 处被一物体反射回来,因为该物体相对于信号发射台的速度为 ν_1,所以回波信号会产生多普勒频偏 f_D。

所以在接收端接收到的 OFDM 信号 $s(t)$ 的表达式为:

$$
\begin{aligned}
s(t) = & \sum_{\mu=0}^{N_{sym}-1} \sum_{n=0}^{N_c-1} d(\mu N_c + n) \\
& \times \exp\left(j2\pi f_n\left(t - \frac{2r}{c_0}\right)\right)\exp(j2\pi f_D t) \\
& \times \mathrm{rect}\left(\frac{t - \mu T_{OFDM} - \frac{2r}{c_0}}{T_{OFDM}}\right)
\end{aligned}
\tag{8-26}
$$

其中,$d(\mu,n)$ 是需要被传输的用户数据,此数据不受公式排列的影响,本书为了显示物体反射距离以及相对运动产生多普勒频偏对接收信号更为显著的影响,将该公式整理为如下形式:

$$
\begin{aligned}
s(t) = & \sum_{\mu=0}^{N_{sym}-1} \exp(j2\pi f_D t) \sum_{n=0}^{N_c-1} d(\mu N_c + n) \\
& \times \exp\left(-j2\pi f_n \frac{2r}{c_0}\right)\exp(j2\pi f_n t) \\
& \times \mathrm{rect}\left(\frac{t - \mu T_{OFDM} - \frac{2r_1}{c_0}}{T_{OFDM}}\right)
\end{aligned}
\tag{8-27}
$$

在接收端我们收到刚刚发出的 OFDM 信号,应该注意 OFDM 信号的发射顺序,遵守先发先收的规则,如果将第二个发射的 OFDM 信号当作第一个发射的 OFDM 信号会在测速测距方面产生巨大的失误,应该注意的是在公式中的符号周期要比最初始的符号周期大,应该先去除循环前缀,再去还原得到接收信号。

在式(8-27)中我们可以看出多普勒频偏对于同一信号中的不同符号没有单独的影响,与此相反的是多普勒频偏对于不同符号的影响是相同的,这是因为发射器发出信号的载波频率需要远大于 OFDM 信号的总带宽,如果 OFDM 信号的信道带宽要大于或等于载频,或者说载频不能远远地大于 OFDM 信号的带宽,那么上述的等式就不能再成立。

我们在接收端(在此情况下接收端一般与发射端在同一位置且二者由同一系统操作)通过 OFDM 信号解调获得接收信号 d_R,d_R 比 $d(\mu,n)$ 多出两个相位,其中第一个相位是在 OFDM 信号解调之后得到的距离作用项,它的存在表明 OFDM 信号在 r_1 的距离上被物体反射回来,信号在发出之后走过了 $2r$ 的路程。而第二个相位则带有物体相对于发射端进行移动的信息,其中 $j2\pi\mu T_{OFDM}$ 是 OFDM 信号在发射完之后最后经过周期 T_{OFDM},第二个相位因检测物体与发射端相对位移而出现。

$$d_R(\mu N_c+n)=d(\mu N_c+n)\exp\left(-j2\pi n\Delta f\frac{2R}{c_0}\right)\exp\left(j2\pi\mu T_{OFDM}\frac{2vf_c}{c_0}\right) \qquad (8-28)$$

将发射的用户信号与接收端得到的调制完成的接收信号分别表达为矩阵的形式 $(D)_{\mu,n}$ 与 $(D_{Rx})_{\mu,n}$,$\vec{k_R}$ 与 $\vec{k_D}$ 分别是接收数据上的到的距离信息相位和多普勒频偏信息,相位公式(8-29)中"·"代表的是点乘即矩阵中同位置的符号相乘,而"$\otimes$"代表的是并矢积:

$$(D_{Rx})_{\mu,n}=(D)_{\mu,n}\cdot(\vec{k_R}\otimes\vec{k_D}) \qquad (8-29)$$

在式(8-30)中接收数据矩阵对用户数据矩阵(发射数据矩阵)进行点除(矩阵中位置相同的符号进行除法操作)可以得到 $(D_{div})_{\mu,n}$,这是一个消除了数据仅仅只有距离信息相位和多普勒频偏信息相位的信息矩阵:

$$(D_{div})_{\mu,n}=\frac{(D_{Rx})_{\mu,n}}{(D)_{\mu,n}}=\vec{k_R}\otimes\vec{k_D} \qquad (8-30)$$

在对 $(D_{div})_{\mu,n}$ 进行处理得到速度与距离之前我们可以从其他方面来帮助理解,首先可以将 $\vec{k_R}$ 与 $\vec{k_D}$ 分开。

距离信息相位的表达式:

$$k_R(n)=\exp\left(-j2\pi n\Delta f\frac{2R}{c_0}\right) \qquad (8-31)$$

所以距离可用下列对 $k_R(n)$ 进行 IDFT 的方法求出:

$$r(k)=\mathrm{IDFT}[k_R(n)]=\frac{1}{N_c}\sum_{n=0}^{N_c-1}k_R(n)\exp\left(j\frac{2\pi}{N_c}nk\right)$$
$$=\frac{1}{N_c}\sum_{n=0}^{N_c-1}\exp(-j2\pi n\Delta f\frac{2R}{c_0})\exp\left(j\frac{2\pi}{N_c}nk\right)$$
$$k=0,\cdots,N_c-1 \qquad (8-32)$$

我们知道,$r(k)$ 中的项都是小于 1 的,当且仅当每一项中等于零时,$r(k)$ 才能获得最大值 N_c。所以我们通过此原理可以将 $r(k)$ 最大值对应的索引求出:

$$k=\left\lfloor\frac{2r_1\Delta fN_c}{c_0}\right\rfloor,\quad k=0,\cdots,N_c-1 \qquad (8-33)$$

所以,速度可用下列对 $k_D(\mu)$ 进行 DFT 的方法求出:

$$k_D(\mu) = \exp\left(\mathrm{j}2\pi T_{\mathrm{OFDM}} \frac{2\upsilon_{\mathrm{rel}} f_c}{c_0} \right) \tag{8-34}$$

$$v(l) = \mathrm{DFT}[k_D(\mu)] = \sum_{\mu=0}^{N_{\mathrm{sym}}-1} k_D(\mu) \exp\left(-\mathrm{j}\frac{2\pi}{N_{\mathrm{sym}}}\mu l \right)$$

$$= \sum_{\mu=0}^{N_{\mathrm{sym}}-1} \exp\left(\mathrm{j}2\pi\mu T_{\mathrm{OFDM}} \frac{2\upsilon_{\mathrm{rel}} f_c}{c_0} \right) \exp\left(-\mathrm{j}\frac{2\pi}{N_{\mathrm{sym}}}\mu l \right),$$

$$l = 0,\cdots,N_{\mathrm{sym}}-1 \tag{8-35}$$

我们知道,$v(l)$ 中的项都是小于 1 的,当且仅当每一项中等于零时,$v(l)$ 才能获得最大值 N_{sym}。所以,我们通过此原理可以将 $v(l)$ 最大值对应的索引求出,然后求得相关速度。

我们现在观察 $(D_{\mathrm{div}})_{\mu,n}$,它的横坐标是距离信息相位乘以一个不变的多普勒频偏信息相位,而信息矩阵的纵坐标是多普勒频偏信息相位乘以一个不变的距离信息相位,这些不变的相位是一个常数,对于 DFT 和 IDFT 都没有影响。我们可以分别对该信息矩阵的每一行的行向量做 IDFT,对每一列的列向量做 DFT。如果找到该矩阵最大点处的索引,就可以得到被测物体的距离与相对速度。

8.5　通信导航一体化

卫星导航是关系到国家安全和经济发展的关键技术体系[25]。在现有的基于位置的应用中,卫星导航和移动通信往往是分离或者简单地结合,并不能充分利用各自的优势。卫星导航和通信的深度融合,尤其是与 5G 移动通信系统的融合将能使得导航和通信相辅相成,互相促进,为用户提供稳定可靠的服务。一方面,实现卫星导航与 5G 移动通信融合,可以极大地扩展导航的范围,提升导航的精度;另一方面,导航系统实现通信功能,从而应用于应急救援、远洋航行等场景。

国外关于卫星导航与通信融合的研究比较超前。Fernandez 等人在本章参考文献[27]中基于 IEEE 802.16 体制设计了导航通信一体化方案,其采用 4G 技术作为卫星导航、通信的技术方案,实现了星间厘米级的定位精度。Diglys 等人在本章参考文献[28]中提出了一种利用地面蜂窝基站辅助传输全球卫星导航系统信号的方法,另外他们也提出利用地面蜂窝系统更正 GPS 误差的方法。Gentner 等人在本章参考文献[29]中基于 3GPP-LTE 系统,研究利用 OFDM 信号的到达时间差(time difference of arrival,TDOA)、同步和信噪比估计实现基站定位的方法,以扩展 GPS 定位在室内和城市地区的盲区。国内关于卫星导航与通信融合的研究比较滞后。西安高科技研究所 Yang 等人在本章参考文献[30]中研究了卫星和基站协同定位的方案,以扩大定位范围,提升定位精度。东南大学的 Fan 等人在本章参考文献[31]中研究了卫星/基站混合定位方法。

本章综合国内外最新研究成果,首先提出了卫星导航与 5G 移动通信融合体系架构;然后在总结 A-GNSS 技术的基础上,阐述了基于 5G 的 A-GNSS 系统架构和关键技术;在介绍 5G 基站定位技术的基础上,全面详细地阐述了卫星导航与 5G 混合定位架构和关键技术;最后对全章进行了总结。

8.5.1　卫星导航与 5G 移动通信融合体系架构

卫星导航和 5G 通信的融合有三个层面。第一个层面是硬件的一体化,在架构层面将二者进行组合,比如通信的芯片和导航的芯片集成在一个设备之内。第二个层面是协议的一体化,即在协议层面将导航和通信进行一体化设计。第三个层面是波形一体化,即在物理层实现导航和通信的深度融合。导航通信融合的方式主要有两种:一是利用通信卫星或者地面通信系统,实现导航增强系统,满足用户在定位、测速和授时方面提升精度和扩展范围的需求;二是利用导航系统实现通信功能,满足用户应急通信的需求。

5G 以高速率、低时延、大量连接等为特征,得到了国内外学者和标准化组织的研究[32]。5G 的关键技术包括大规模天线阵列、超密集组网、新型多址、全频谱接入和新型网络架构等。在 5G 移动通信网络中,一方面,小区密集化、大规模阵列天线等技术的大量应用,可以极大地增强卫星导航功能;另一方面,导航卫星在实现通信功能时也可以采用 5G 关键技术,如 OFDM、大规模天线等,实现通信信息的高效传送。

本书利用 SDN 和 NFV 技术,将卫星网络融合到 5G 网络架构中,提出了一种卫星导航与 5G 移动通信融合网络架构方案,如图 8-10 所示。本架构在 5G 地面网络架构中融入卫星网络,从核心网的角度来实现卫星导航和地面移动网络的融合,即卫星网络和 5G 移动网络共用一个核心网。SDN 恰恰体现了网络中的控制与转发分离的思想,将核心网使用 SDN 和 NFV 技术把各个网元的功能实体实现软件化,可以解决两个网络在核心网融合方面的问题。

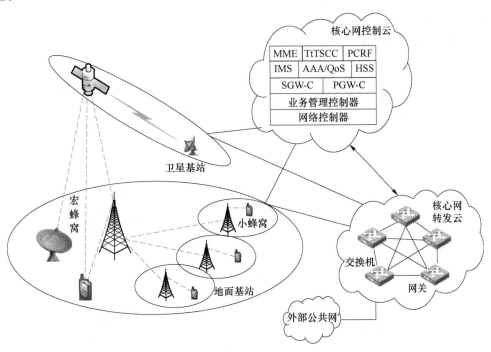

图 8-10　卫星导航与 5G 移动通信融合体系架构

卫星导航与 5G 移动通信融合体系架构主要包括用户终端、基站和核心网。其中,用户终端采用卫星和地面双模模式,分别相应地接入卫星基站和地面基站;基站包括卫星基站和地面基站,主要功能有无线资源管理、IP 包头压缩、安全性管理等;核心网包括核心网处理云和核心网转发云,处理云是控制面,负责处理所有控制信息,转发云在处理云的控制下负责所有的业务数据的转发。

8.5.2 基于 5G 的 A-GNSS 技术

（1）基于 5G 的 A-GNSS 系统架构

如图 8-11 所示,基于 5G 的辅助全球导航卫星系统（A-GNSS）包括基于 5G 的 C-RAN网络和 A-GNSS 系统两部分组成。基于 5G 的 C-RAN 架构主要包括 3 个组成部分:由远端无线射频单元（RRH）和天线组成的 RRU 部署、由集中式基带处理池（BBU 池）组成的本地C-RAN 以及后台云服务器[33]。分布式的远端无线射频单元提供了一个高容量、广覆盖的无线网络,RRU 部署一直是未来集中式无线接入网的研究热点。本地 C-RAN 负责管理调度集中化的 BBU 池,使其高效利用,从而减少调度与运行的消耗。后台云服务器作为一个庞大的服务器数据中心分为不同的专用虚拟网,与本地 C-RAN 之间的网络单元通过光纤相互连接。

A-GNSS 系统由全球导航卫星、卫星服务器和 A-GNSS 接收机三部分组成。

基于 5G 的 A-GNSS 系统定位原理就是将基于 5G 的 C-RAN 网络和 A-GNSS 系统进行融合,将两者的定位和通信功能相结合,从而更迅速更准确地获取终端位置信息。首先,A-GNSS 接收机终端发出定位请求,卫星服务器接收到定位请求后,利用基于 5G 的 C-RAN网络查询当前小区位置可用的卫星信息,产生捕获、历书、星历、时间、频率、位置等辅助信息通过 5G 网络传输给 A-GNSS 接收机。A-GNSS 接收机利用辅助数据,快速准确地捕获卫星信号,并自主计算定位结果。

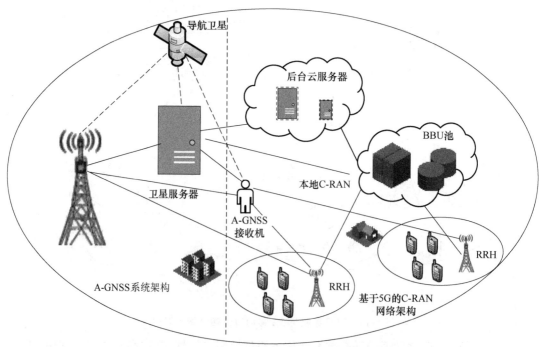

图 8-11 基于 5G 的 A-GNSS 系统架构图

（2）基于 5G 的 A-GNSS 关键技术

基于 5G 的 A-GNSS 技术利用 MS-Assisted 和 MS-Based 两种辅助模式来进行测量和定位，通过用户设备的无线电接收器实现 GNSS 信号的接收。在多卫星联合使用时，导航卫星信号的有效数量将会增加，可通过在定位过程中增加数据冗余量，改进测距时的测量方法等多种路径加以实现。在 GNSS 与 E-UTRAN 互联时，可减少 UE 的 GNSS 启动和采集时间，增加 UE 的 GNSS 灵敏度的同时实现节能，从而提升 UE 及系统性能。

如图 8-12 所示，基于 5G 的定位技术可以仿照 LTE 系统定位网络架构[34]，MME 接收来自 UE 的定位请求，或者 MME 主动发起定位业务，则 MME 应向演进服务移动位置中心 E-SMLC 发起定位业务请求，E-SMLC 处理定位业务请求，包含向目标 UE 发送辅助数据，以辅助 UE 进行定位。

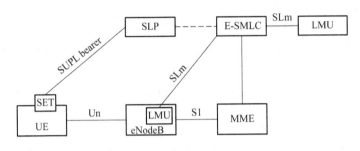

图 8-12　LTE 系统定位网络架构[34]

相比于基于 LTE 的 A-GNSS，基于 5G 的 A-GNSS 技术具有以下的优势。

① 定位精度得到大幅度提高。辅助信息使得 A-GNSS 接收机能捕获和跟踪较弱卫星信号，有更好的定位集合精度的因子，定位精度有一定的改善。

② 接收机灵敏度更高。由于 A-GNSS 接收机可以获知粗略的多普勒频偏，搜索的频率范围较少，因此 A-GNSS 接收机可以维持的分格数不变的条件下，增加相关积分时间。

③ 在一些特定的场合中，由于 5G 小区密集化覆盖的特点，A-GNSS 在地表以下的定位精度也会得到改善。

由于以小区密集化、大规模阵列天线等为代表的 5G 技术中有较多的基于位置的服务，因此基于 5G 的 A-GNSS 技术可以极大地增强卫星导航定位功能。一方面，我们利用 5G 基站作为卫星导航的地面增强站，可以传输导航校正信息，辅助卫星导航定位；另一方面，我们利用 5G 基站覆盖小，传输方向性好等特点，结合卫星定位与蜂窝定位技术，可以为用户提供良好的定位服务。

8.5.3　卫星导航与 5G 混合定位技术

1. 5G 蜂窝室内定位技术

相比于 2/3/4G 蜂窝室内定位技术，5G 蜂窝室内定位可以充分利用毫米波（mm wave）、小站密集化部署（small cell）和波束形成的定位优势，来实现更加精确的定位。以毫微微基站（femtocell BSs）为例，它是一种小型、低功率的蜂窝技术，覆盖半径为 $10\sim50$ m。相比于 WLAN 蜂窝室内定位，采用 femtocell 部署进行 5G 蜂窝室内定位具有以下优势。

① 定位精度高。5G 室内定位利用毫米波特有的窄波束、信号强度衰减快等特点,使用波束形成与指纹定位相结合的方式进行定位。通过波束形成缩小定位范围,再采用基于接收信号强度的指纹定位方法进行联合定位,可以有效地提高 5G 蜂窝室内定位精度。

② 部署性价比高。相较于 WLAN 等传统室内覆盖设备,femtocell 的部署成本更低。同时,femtocell 部署更加灵活,即插即用。此外,femtocell 还能满足多业务需求。

通过 femtocell 等小站密集化部署,本书提出一种基于 DoA 估计辅助的 5G 室内地理指纹定位方法。将 DoA 估计方法融入地理指纹定位中,在地理指纹定位时缩小定位目标位置范围,从而明显提升定位性能。

① 进行地理指纹离线数据库建立,在定位区域内设置 n 个参考节点(RP)和 m 个接入节点(AP),将信号发射机放置在各个 AP,利用分布在监测区域中的接收机接收信号,遍历定位区域内的所有 RP 并进行多次 RSSI 采样和平均,形成指纹图。

② 通过传统地理指纹算法进行在线信源位置估计,将接收机接收到的信号强度信息与指纹图数据库中的数据进行匹配,通过计算欧氏距离,估计出与当前接收信号强度特征最接近的 K 个监测点,保存为 LF-RP。

③ 使用 MUSIC 等算法进行 DoA 估计判断目标角度,通过 3 个 AP 的波束角度的交叉重叠得出目标的范围,找出交叉范围内的参考节点 RP,保存为 DoA-RP。

④ 比对 DoA-RP 与 LF-RP,观察两者之间是否有重叠。如果有,找出其中重合的 $M(M<K)$ 个参考节点,对这 M 个参考节点,采用加权 K 近邻算法进行加权求均值,并得出最终的目标定位坐标;如果没有,增大 DoA 估计的波束宽度,再重复上述两步骤。

2. 卫星导航与 5G 基站混合定位架构

卫星/5G 基站混合定位架构需要在网络与终端之间交互辅助数据和定位信息,它既可以在控制平面实现,也可以在数据平面实现。相对来说,控制平面的实现方式需要用到专用控制信道并且会显著地增加移动网络的运营成本,而在用户平面的实现方式更容易被用于商业应用,并且随着终端的升级换代,定位算法也可以不断升级,从而加快技术的更新迭代周期。

如图 8-13 所示,用户终端的数据平面定位协议发现各条导航链路,并且评估各条导航定位链路对导航精度的提升,进而选择 4 条合适的链路,并且基于 TDOA 技术进行定位,解算出用户终端的位置信息。在不同的场景下,用户平面筛选出来的链路是不同的。例如,在室外空旷场景下,卫星链路更加精确,于是终端通过 4 条卫星链路实现定位;在室内场景下,终端接收不到导航卫星的信号,于是终端通过基站链路实现定位;在城市有遮挡的场景下,卫星链路不足 4 条,于是补充部分精度较高的基站链路实现定位。

3. 卫星导航与 5G 混合定位关键技术

现在较为成熟的基站定位技术有基于 tracking area(TA)的定位方法、uplink—time difference of arrival(U-TDOA)、enhanced observed time difference(E-OTD)和 global navigation satellite system(GNSS)方法。5G 普遍采用毫米波通信,由于毫米波优良的方向性特性,可以实现精确的测角、测距等,能得到比 TDOA 方法更高的精度,从而实现精确的基站定位。5G 采用大规模天线技术,由于大规模天线具有更高的自由度,可以实现更高精度的测距和测角特性,基于到达角(angle of arrival,AOA)的定位方法将会具有更高的精度。

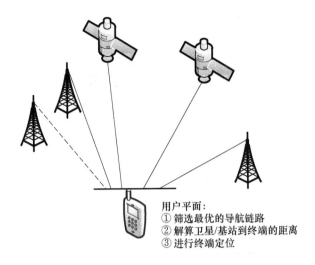

用户平面：
① 筛选最优的导航链路
② 解算卫星/基站到终端的距离
③ 进行终端定位

图 8-13　卫星导航与 5G 基站混合定位架构

为了扩展定位范围,实现室内和城市地区的高精度定位,我们利用卫星导航与 5G 基站混合定位方法。根据 5G 的技术特征,5G 基站/卫星定位导航方案可以分为两类:一是卫星定位和 5G 基站定位的切换;二是卫星定位和 5G 基站定位的深度融合。第一种方法侧重在根据环境的变化灵活切换卫星定位于 5G 基站定位;第二种方法侧重在实现两种定位方案的结合。

(1) 卫星定位和 5G 基站定位的切换

在终端集成卫星定位和基站定位方案提出之后,在不同的场景灵活切换两种定位方法,可以扩展定位的范围。例如,终端在空旷的区域,可以利用卫星定位;而在室内,则可以切换到基站定位。当终端在室内或者城市有遮挡的环境下无法接收导航卫星的信号时,可以利用 5G 基站的覆盖范围较小的特点,采用地理指纹方法进行定位。

(2) 卫星定位和 5G 基站定位的深度融合

虽然基于毫米波、小站密集化部署的 5G 基站室内定位技术相比于传统的 WLAN 定位技术,定位精度有了显著的提升,但是相比于卫星链路,5G 基站定位在覆盖范围上有明显的不足。此外,在复杂的室外环境中,5G 毫米波的定位精度会由于多径损耗等原因导致精度降低。因此,综合利用导航卫星和 5G 基站定位的各自优点,实现卫星定位和 5G 基站定位的深度融合,不仅可以提升定位精度,也能扩大定位范围。

由于基站链路的测距性能不如卫星链路,因此在有导航卫星信号的时候优先使用导航卫星。而在城市等有遮挡的环境中,终端可见的导航卫星数目不足 4 个,这时就需要基站定位来补充。如图 8-14 所示,在有遮挡的环境下,终端只能接收到 2 个导航卫星的信号,这时就需要 2 个基站参与进来。相比卫星定位和 5G 基站定位的切换方案,本方案因为优先利用导航卫星链路,因此定位精度更高,但是在技术实现上也较为复杂。

不管是采用卫星导航定位技术还是采用以毫米波和小站密集化部署为代表的 5G 新兴技术进行定位都有其局限性。未来室内定位技术的趋势是卫星导航技术与 5G 无线定位技术相结合,将 GPS 定位技术与 5G 基站定位技术有机结合,发挥各自的优长,则既可以提供较好的精度和响应速度,又可以覆盖较广的范围,实现无缝的、精确的定位。

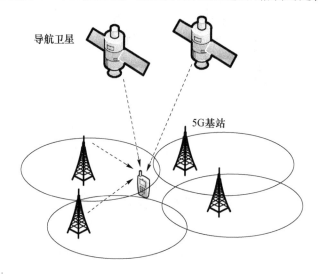

图 8-14 卫星导航链路不足的情况下 5G 基站/卫星混合定位系统

8.5.4 定位基本原理

上文描述了通信导航一体化架构,下面简要介绍定位原理。

(1) 最小二乘法

设 $A \in \mathbb{C}^{m \times n}, b \in \mathbb{C}^n$,当线性方程组 $Ax = b$ 无解时,对于任意 $x \in \mathbb{C}^n$ 都有 $Ax - b \neq 0$。此时希望找出向量 $x_0 \in \mathbb{C}^n$,使得 $\| Ax - b \|_2$ 最小,即:

$$\| Ax_0 - b \|_2 = \min_{x \in \mathbb{C}^n} \| Ax - b \|_2 \tag{8-36}$$

我们称这个问题为最小二乘问题,称 x_0 为矛盾方程组 $Ax = b$ 的最小二乘解。

下面的定理给出了当 A, b 分别是实矩阵和实向量时,$Ax = b$ 的最小二乘解所满足的条件。

定理:设 $A \in R^{m \times n}, b \in R^m$。若 $x_0 \in R^n$ 是 $Ax = b$ 的最小二乘解,则 x_0 是方程组

$$A^T Ax = A^T b \tag{8-37}$$

的解,且称此方程为 $Ax = b$ 的法方程组。

证明:由于

$$f(x) = \| Ax - b \|_2^2 = (Ax - b)^T(Ax - b)$$
$$= x^T A^T Ax - x^T A^T b - b^T Ax + b^T b \tag{8-38}$$

若 x_0 为 $Ax = b$ 的最小二乘解,则它应是 $f(x)$ 的极小值点,从而

$$\frac{\mathrm{d}f}{\mathrm{d}x} \Big|_{x_0} = 0 \tag{8-39}$$

$$\frac{\mathrm{d}f}{\mathrm{d}x} = 2A^T Ax - 2A^T b \tag{8-40}$$

所以 $A^T Ax - A^T b = 0$,故 x_0 是 $A^T Ax = A^T b$ 的解,也就是 $x = (A^T A)^{-1} A^T b$。

（2）测距方法

常用的测距方法有两种。一是直接测量法，即发射机发送带有时间戳的信息，接收机收到后用当前自身时间戳减去信号的时间戳即可得到传播时间，或者接收机根据接收到的发射机的信号强度来测距。二是 RTT(round trip time)法，即通过如图 8-15 所示的两次收发过程计算出传播时延，进而测距。假设移动台和基站之间存在时间差 Δt，信号单程的传播时延为 τ，那么 4 个时间戳之间有如下关系：

$$t_2 = t_1 + \tau + \Delta t \tag{8-41}$$

$$t_4 = t_3 + \tau - \Delta t \tag{8-42}$$

则联立两式消去 Δt，可得：

$$\tau = \frac{t_2 + t_4 - t_1 - t_3}{2} \tag{8-43}$$

由此降低了移动台与基站间的时间同步的要求。

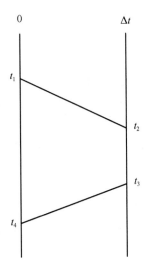

图 8-15　RTT 方法示意图

（3）三边定位方法

n 个锚节点的位置坐标分别为 (x_i, y_i)，$i = 1, 2, 3, \cdots, n$，锚节点与目标之间的距离为 $(d_1, d_2, d_3, \cdots, d_n)$，于是可以通过联立方程求解目标的位置做标的，如下：

$$\begin{cases} (x - x_1)^2 + (y - y_1)^2 = d_1{}^2 \\ \qquad\qquad \vdots \\ (x - x_i)^2 + (y - y_i)^2 = d_i{}^2 \\ \qquad\qquad \vdots \\ (x - x_n)^2 + (y - y_n)^2 = d_n{}^2 \end{cases} \tag{8-44}$$

相邻方程分别相减，得到下列新的方程组：

$$\begin{cases} 2x(x_2-x_1)+2y(y_2-y_1)=d_1{}^2-d_2{}^2+(x_2{}^2+y_2{}^2)-(x_1{}^2+y_1{}^2) \\ \quad\quad\quad\quad\quad\vdots \\ 2x(x_i-x_1)+2y(y_i-y_1)=d_1{}^2-d_i{}^2+(x_i{}^2+y_i{}^2)-(x_1{}^2+y_1{}^2) \\ \quad\quad\quad\quad\quad\vdots \\ 2x(x_n-x_1)+2y(y_n-y_1)=d_1{}^2-d_n{}^2+(x_n{}^2+y_n{}^2)-(x_1{}^2+y_1{}^2) \end{cases} \tag{8-45}$$

此方程组的矩阵表示形式为：$\boldsymbol{HX}=\boldsymbol{B}$，其中矩阵方程的各个参数分别为：

$$\boldsymbol{H}=\begin{bmatrix} 2(x_2-x_1) & 2(y_2-y_1) \\ 2(x_3-x_1) & 2(y_3-y_1) \\ \vdots & \vdots \\ 2(x_n-x_1) & 2(y_n-y_1) \end{bmatrix} \tag{8-46}$$

$$\boldsymbol{X}=\begin{bmatrix} x \\ y \end{bmatrix} \tag{8-47}$$

$$\boldsymbol{H}=\begin{bmatrix} d_1-d_2+(x_2{}^2+y_2{}^2)-(x_1{}^2+y_1{}^2) \\ d_1-d_3+(x_3{}^2+y_3{}^2)-(x_1{}^2+y_1{}^2) \\ \vdots \\ d_1-d_n+(x_n{}^2+y_n{}^2)-(x_1{}^2+y_1{}^2) \end{bmatrix} \tag{8-48}$$

设置误差向量为 $\boldsymbol{\varepsilon}=\boldsymbol{HX}-\boldsymbol{B}$，并求其范数，如下：

$$E=|\boldsymbol{\varepsilon}|^2=\boldsymbol{\varepsilon}^\mathrm{T}\boldsymbol{\varepsilon}=(\boldsymbol{HX}-\boldsymbol{B})^\mathrm{T}(\boldsymbol{HX}-\boldsymbol{B}) \tag{8-49}$$

若要误差最小，则使得 E 最小。从而将式(8-49)对 $\boldsymbol{X}$ 求导，令导数为 0，其表达式为：

$$\frac{\mathrm{d}E}{\mathrm{d}X}=2\boldsymbol{H}^\mathrm{T}\boldsymbol{HX}-2\boldsymbol{H}^\mathrm{T}\boldsymbol{B}=0 \tag{8-50}$$

解得：

$$\boldsymbol{X}=(\boldsymbol{H}^\mathrm{T}\boldsymbol{H})^{-1}(\boldsymbol{H}^\mathrm{T}\boldsymbol{B}) \tag{8-51}$$

由于 $\boldsymbol{X}$ 是关于目标位置坐标的矩阵形式 $\boldsymbol{X}=\begin{bmatrix} x \\ y \end{bmatrix}$，因此可以获得目标位置的估计坐标 (x,y)。

本 章 习 题

1. 简述通感一体化技术产生的背景。

2. 简述通感一体化基站系统的优势。

3. 列举通感一体化的应用场景。

4. 简述为什么单频连续波无法进行目标距离估计。

5. 简述为什么单一斜率的调频连续波会出现距离-多普勒耦合。

6. 仿照三角波调频连续波测距思路推导锯齿波调频连续波的测距原理，并用公式表示。

7. 连续发射 64 个连续的 OFDM 信号，每个 OFDM 信号有 128 个子载波。信号传输速度为 3×10^8 m/s，子载波间隔为 1 MHz，OFDM 的 CP 长度为信号长度的 1/4，载频为 $f_c=1$

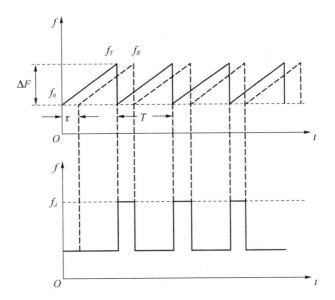

THz,现在距雷达 100 m 处有一辆速度为 20 m/s 的车正在行驶,求雷达最后测得的车辆的速度与距离分别为多少(仅存在 LOS 径和无衰落两种情况)。

8. 调研学习 OFDM 信号用于目标距离与速度估计的优势。

9. 调研学习经典的 OFDM 信号雷达估计算法——2D-FFT。

10. 卫星导航与 5G 通信的融合有哪几个层面?

本章参考文献

[1] 新华社. 中华人民共和国国民经济和社会发展第十四个五年规划和 2035 年远景目标纲要[EB/OL]. (2021-03-13) [2023-05-10]. http://www.gov.cn/xinwen/2021-03/13/content_5592681.htm? pc.

[2] IMT-2030(6G)推进组. 通信感知一体化技术研究报告[R]. 中国:IMT-2030(6G)推进组,2021.

[3] Liu F, Cui Y, Masouros C, et al. Integrated sensing and communications: Towards dual-functional wireless networks for 6G and beyond[J]. IEEE Journal on Selected Areas in Communications, 2022, 40(6): 1728-1767.

[4] IMT-2020(5G)推进组. 华为首家完成面向 5G-Advanced 通感一体技术初步验证[R]. 中国:IMT-2020(5G)推进组,2020.

[5] Liu F, Yuan W, Masouros C, et al. Radar-assisted predictive beamforming for vehicular links: Communication served by sensing[J]. IEEE Transactions on Wireless Communications, 2020, 19(11): 7704-7719.

[6] Wei Z, Chen Q, Yang H, et al. Neighbor Discovery for VANET with Gossip Mechanism and Multi-packet Reception [J]. IEEE Internet of Things Journal, 2021, 9(13): 10502-10515.

[7] Jiang W, Wang A, Wei Z, et al. Improve Sensing and Communication Performance

of UAV via Integrated Sensing and Communication［C］//2021 IEEE 21st International Conference on Communication Technology(ICCT). 2021：644-648.

［8］ Quan S，Qian W，Guq J，et al. Radar-communication integration：An overview ［C］//The 7th IEEE/International Conference on Advanced Infocomm Technology. 2014：98-103.

［9］ Feng Z，Fang Z，Wei Z，et al. Joint radar and communication：A survey[J]. China Communications，2020，17(1)：1-27.

［10］ Mealey R M. A method for calculating error probabilities in a radar communication system[J]. IEEE Transactions on Space Electronics and Telemetry，1963，9(2)：37-42.

［11］ Scharrenbroich M，Zatman M. Joint radar-communications resource management ［C］//2016 IEEE Radar Conference(RadarConf). 2016：1-6.

［12］ Shaojian X，Bing C，Ping Z. Radar-communication integration based on DSSS techniques[C]//2006 8th international Conference on Signal Processing. 2006，4.

［13］ Sturm C，Zwick T，Wiesbeck W. An OFDM system concept for joint radar and communications operations[C]//VTC Spring 2009IEEE 69th Vehicular Technology Conference. 2009：1-5.

［14］ Sturm C，Zwick T，Wiesbeck W，et al. Performance verification of symbol based OFDM radar processing[C]// 2010 IEEE Radar Conference. 2010：60-63.

［15］ Sit Y. L，Reichardt L，Sturm C，et al. Extension of the OFDM joint radar communication System for a multipath，multiuser scenario[C]// 2011 IEEE Radar Conference. 2011：718-723.

［16］ Zhou Y，Zhou H，Zhou F，et al. Resource allocation for a wireless powered integrated radar and communication system[J]. IEEE Wireless Communications Letters，2018，8(1)：253-256.

［17］ Liu F，Masouros C，Li A，et al. MU-MIMO communications with MIMO radar：From co-existence to joint transmission［J］. IEEE Transactions on Wireless Communications，2018，17(4)：2755-2770.

［18］ Liu F，Zhou L，Masouros C，et al. Toward dual-functional radar-communication systems：Optimal waveform design[J]. IEEE Transactions on Signal Processing，2018，66(16)：4264-4279.

［19］ Dokhanchi S H，Mysore B S，Mishra K V，et al. A mmWave automotive joint radar-communications system[J]. IEEE Transactions on Aerospace and Electronic Systems，2019，55(3)：1241-1260.

［20］ Zhang J A，Huang X，Guo Y J，et al. Multibeam for joint communication and radar sensing using steerable analog antenna arrays[J]. IEEE Transactions on Vehicular Technology，2018，68(1)：671-685.

［21］ 丁鹭飞，耿富录，陈建春. 雷达原理[M]. 5 版. 北京：电子工业出版社，2014.

［22］ 刘丽华. 多普勒雷达测速系统研究[D]. 武汉：华中科技大学，2007.

［23］　谢荣. 连续波雷达测距算法研究与系统设计［D］. 西安：西安电子科技大学,2006.

［24］　夏彪. 锯齿波调频多普勒定距系统信号处理技术［D］. 南京：南京理工大学,2010.

［25］　刘海颖,王惠南,陈志明.卫星导航原理与应用［M］. 北京：国防工业出版社,2013.

［26］　曹冲.卫星导航常用知识问答［M］,北京：电子工业出版社,2010.

［27］　Fernandez A, de Agüero S G, Palomo J M, et al. Wireless integrated communication and navigation system based on IEEE 802. 16 standards［C］//2012 6th ESA Workshop on Satellite Navigation Technologies（Navitec 2012）& European Workshop on GNSS Signals and Signal Processing. 2012：1-8.

［28］　Darius D. The Use of Characteristic Features of Wireless Cellular Networks for Transmission of GNSS Assistance and Correction Data［C］//32nd International Conference on Information Technology Interfaces (ITI). 2010：141 - 146.

［29］　Gentner C, Sand S, Dammann A. OFDM indoor positioning based on TDOAs：Performance analysis and experimental results［C］//2012 International Conference on Localization and GNSS. 2012：1-7.

［30］　Yang X Y, He H, Wang S, et al. Communication Satellite Location/Cell Location integrated navigation system for all-blind war［C］//2011 International Conference on Electric Information and Control Engineering. 2011：2044-2046. Fan X, Bao L. Hybrid Positioning Algorithm for Galileo and WCDMA Dual-Mode Receiver［C］//2008 4th International Conference on Wireless Communications, Networking and Mobile Computing. 2008：1-4.

［31］　张平,陶运铮,张治.5G 若干关键技术评估［J］.通信学报,2016(37)：15-29.

［32］　Checko A, Christiansen H L, Yan Y, et al. Cloud RAN for mobile networks—a technology overview［J］. IEEE Communications Surveys & Tutorial, 2015,17(1)：405-426.

［33］　刘文博.LTE 室内定位技术及优化方法研究［D］.广州：华南理工大学,2013.

第9章 典型智能机器网络:工业无线网络

工业无线网络涵盖了工业生产流程中机器终端及控制系统、原料、信息系统、在制品、产品以及人之间的互联。随着信息通信技术向工业领域的加速渗透,工业无线网络的性能不断提升,无线网络连接类型不断丰富,极大地拓展了传统工业网络的内涵和外延,为智能制造的发展奠定了良好基础。本章通过对工业无线网络领域应用场景、需求、架构、关键技术的梳理,总结了工业机器网络中的两大应用场景、两类体系下的网络架构和三个方向上的关键技术。

9.1 工业无线网络应用场景

在信息技术与制造技术深度融合的新时代背景下,以泛在互联、全面感知、智能优化、安全稳固为特征的工业互联网应运而生[1]。目前,工业互联网已从概念阶段进入实践阶段,其融合了多种通信技术、网络技术、计算技术,并通过智能机器人与人/机器之间实时数据的传递、基于软件与大数据分析技术的数字化平台的构建,实现端到端的安全保障[2]。

工业互联网标准面向的典型应用包括智能化生产、个性化定制、网络化协同和服务化延伸四个方面,形成了包含制造与工艺管理、产品研发设计、资源配置协同、企业运营管理、生产过程管控、设备管理服务在内的六大工业互联网主要应用场景。工业互联网在轻工家电、船舶、机械、纺织、石化、电子信息、航空航天、钢铁、医疗等行业领域已有较广泛的应用[3]。

随着计算技术和通信技术的不断发展,工业互联网呈现出数字化及智能化的发展趋势,相应的应用场景也对工业互联网提出了新的需求,5G 网络与工业互联网的融合成为当下发展的必然趋势。其融合应用在典型应用的场景上引申出了八大类新型场景,分别为 5G+超高清视频、5G+AR、5G+VR、5G+无人机、5G+云端机器人、5G+远程控制、5G+机器视觉以及 5G+云化 AGV[4]。

此外,工业互联网下不同的应用场景对感知、通信、计算等方面均提出了新的需求。在感知方面,低成本、微功耗、高性能工业智能传感器不断涌现,工业向着智能感知系统的目标不断前进,努力实现从边缘设备到云服务的平台跨越。这提高了工业互联网底层设备的感知能力,并实现了感知技术的大规模部署[5]。在通信方面,随着工业互联网数字化程度的提升,5G 与工业互联网的融合也对现有移动通信技术提出了挑战。例如,按照目前超高清视频产业主流标准,4K/8K 视频对网络速率要求至少为 $12\sim40$ Mbit/s,甚至可达 $48\sim160$ Mbit/s[4]。在计算方面,边缘计算可以实现传统云计算无法满足的终端侧"大连接、低时延、大带宽"的需求,缓解云计算中心压力,保护数据安全与隐私[6]。同时,边缘计算的"就近"边缘智能服务可以满足工业在敏捷联接、实时业务、安全与隐私保护等方面的需求[7]。

在工业互联网的功能架构中,网络、平台和安全为其三大组成体系。其中网络体系由网络互联、数据互通和标识解析三部分组成[1]。作为工业互联网的基础,网络体系包括标识解析、边缘计算等关键技术。图 9-1 为工业互联网联盟阐述的工业互联网网络体系架构。

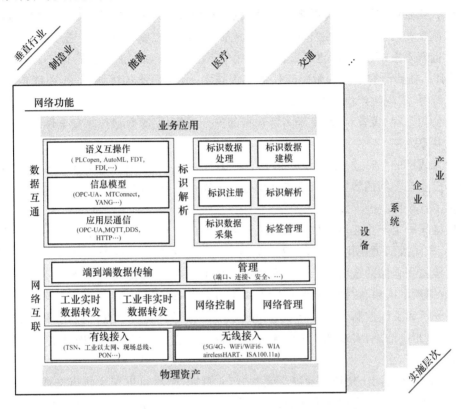

图 9-1　工业互联网网络体系框架[1]

图中,网络互联通过有线或无线方式,将工业互联网体系相关全要素连接,支撑业务发展的多要求数据转发,实现端到端数据传输[1]。而工业无线网络凭借其更低的网络部署和运维成本、更高的生产线灵活性和管理效率、支持工业现场设备移动性需求等优势,在诸如数据采集、工业非实时控制等工业互联网场景中得到广泛应用[8]。目前,无线技术正加速向工业实时控制领域渗透,成为传统工业有线控制网络的有力补充和替代,如 5G 已明确将工业控制作为其低时延、高可靠的重要应用场景,3GPP(3rd generation partnership project,第三代合作伙伴计划)也已开展相关的研究工作,对应用场景、需求、关键技术等进行全面梳理[9]。

工业无线网络涵盖了工业生产流程中机器终端及控制系统、原料、信息系统、在制品、产品以及人之间的互联。随着信息通信技术向工业领域的加速渗透,工业无线网络的性能不断提升,无线网络连接类型不断丰富,极大地拓展了传统工业网络的内涵和外延,为智能制造的发展奠定了良好基础。通过对工业无线网络领域应用场景、需求、架构、关键技术的梳理,工业无线网络可以包含两大应用场景及需求、两类体系下的网络架构和三个方向上的关键技术,具体如下。

9.1.1　流程工业

石油石化企业需要通过无线电通信掌握现场情况,并将过程监控、过程数据(如温度、压力、水平、流量和阀门的开放性)以无线方式测量和传输到控制系统[10]。通过现场无线设备周期性地重新采集,可以不断更新石油或天然气下游工厂(如炼油厂和石化厂)中的仪表数据[11]。同时,需要研究危险因素感知仪器仪表技术,研发智能传感器,依托智能传感、精确控制与执行等,实现生产设备全生命周期的实时监测、远程故障诊断和预测性维护,实现装置、罐区、公用工程、设备、实验室等多源数据的安全采集,保障数据传输安全性,提升数据集成与数据共享效率。

工业无线网的"云-边-端"系统架构具有前瞻性,是钢铁企业信息系统建设和优化的方向。基于工业互联的智慧物流系统架构也为钢铁企业数据的应用和基于模型指导的物流优化提供了巨大的空间[12]。

玻璃绝缘子生产企业可以依托基于工业无线网的玻璃绝缘子智能制造系统,改善生产方式落后、车间数据可视化程度低以及良品率无法进一步提高等问题,从而建立起一个从原料、生产、检验到仓储的透明化工厂。通过数据收集模块、数据传输模块、数据云端存储和分析模块、数据展示模块、数据反馈和控制模块等组成的系统核心,可实现工厂车间数据的采集、监控、分析和反馈控制。通过 Web、App 及 LED 显示屏实现数据可视化,利用数据反馈的问题,采取相应措施,实现基于工业无线网的智能制造。这将有利于提升良品率,提高企业效益[13]。

通过"工业无线网+轨道交通高端装备"产业赋能建设,可以探索轨道交通装备产业生产、运维、服务等的规范化和标准化模式,为轨道交通高端装备制造向"制造+协同+服务"模式转型提供有效支撑,并实现平台、标准和模式的跨行业迁移、复制与推广,推动我国离散装备制造业整体能力的提升。在各智能维修检测机器上加入无线通信功能,完成各个设备之间的信息快速传递,用于检测列车及各种相关设备的状态,防止故障发生。系统通过远程监控现场设备、操作人员和环境,利用大数据分析和机器学习技术,建立设备健康模型,及时发现轻微量变引起的"亚健康"状态,从而提供相应预测性维修建议,使生产设备保持健康、高效、低成本运行,从而极大地提高作业生产效率[14]。

9.1.2　自动控制

通过全面互通互联,云计算、大数据和区块链等新技术将与自动化技术结合,使得生产工序实现纵向集成,设备与设备之间、员工与设备之间的协同合作将整个工厂内部全部连接起来,可以相互之间发出请求并及时响应,还可以调整利用资源的多少及产品的生产率,开展个性化的柔性生产。工业无线网在设备原有的自动化控制功能基础上,通过配备众多物联网传感器或无线网络通信模块来附加"感知"这一新功能,即可将感知的信息数据通过无线网络传输到工业互联网平台背后的数据中心或智能计算中心,再通过大数据分析,实现智能决策,使得设备具有可视化、可控化、自动化和自我优化等功能,从而实现设备的智能化,形成感知式的管理生产过程。

移动机器人,如自动制导车辆(AGV),将在未来工厂中发挥越来越重要的作用。其本质上是一种可编程机器,能够执行多种操作,遵循编程路径来完成各种各样的任务,相对于环境具有最大的灵活性,具有一定程度的自主能力和感知能力。移动机器人由制导控制系统监控和控制,由地面上的标记或电线基础设施或自身的环绕传感器(如摄像头和激光扫描仪)引导。无线制导控制是获取最新的工艺信息、避免移动机器人之间的碰撞、为移动机器人分配驾驶任务和管理移动机器人交通的必要手段。

焊接行业在网络协同制造、工业焊接数据系统、产品数据采集分析等工业无线网基础信息传输标准、规范方面的短板是制约其发展的重要原因。原有的焊机监控系统主要通过CAN 总线进行设备与焊接管理器之间的通信[14]。引入无线通信技术可以降低布线成本并且提高焊机使用的灵性性。通过无线电波传输数据到控制平台,控制平台能根据数据将多样化的服务与网络组件进行适配,并结合无线通信技术,有效解决焊机群通信问题,并提高焊机焊接点的准确性,使焊机快速响应各类指示,高效准确完成各类定制业务,提高系统整体的效率。

智能物流采用新的 MES(企业制造执行系统)可以解决生产现存的问题。MES 系统有利于实现系统管理、工厂建模、物料管理、计划排程、供应链、报表查询、需求管理、品保、基础设置、车间执行、仓储物流。以此构建车间制造管理的整体框架,实现车间制造的数字化、透明化、智能化,从全链路的角度优化整个工业仓储物流,提高效率,降低成本,提升设备使用率及产品质量[15]。

9.2　工业无线网络架构

目前,针对智能机器网络的架构研究还较少,存在于工业场景的网络架构主要分为IEEE 802 体系架构和蜂窝网体系架构。

9.2.1　IEEE 802 体系

目前,工业无线技术领域已经形成了三大国际标准,分别是 HART 基金会发布的WirelessHART 标准、ISA 国际自动化协会(原美国仪器仪表协会)发布的 ISA100 标准和我国自主研发的 WIA-PA 标准。

(1) WirelessHART 体系

WirelessHART 是面向过程控制和资产管理可靠的协议[16]。WirelessHART 协议构筑在 IEEE 802.15.4 协议上,采用 DSSS 直接序列扩频技术和 FHSS 跳频扩频技术来保证安全和可靠性,并采用时分多址(TDMA)的同步、隐式报文控制通信技术进行网络设备通信[16]。

WirelessHART 架构如图 9-2 所示。从图中可看出,WirelessHART 设备主要分为三种类型:无线现场设备、适配器和路由设备。

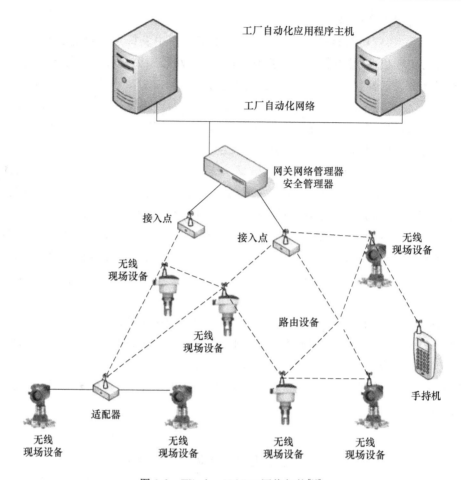

图 9-2 WirelessHART 网络架构[17]

无线现场设备与过程或工厂设施连接,该设备可以是一台具有内置 WirelessHART 的设备,也可以是与 WirelessHART 适配器相连的具有 HART 功能的设备[16]。这就使得现有工厂很容易扩展或在新的安装中能够快速利用无线技术。由于电缆成本或环境限制过去不能访问的测量点,现在能够很容易采集到数据。WirelessHART 适配器将现有的有线 HART 设备连接到 WirelessHART 网络中[16]。一台适配器能够连接多台 HART 仪表,从而降低了安装成本。一方面可以充分利用现有设备;另一方面可以扩大应用范围,使得有线 HART 设备能够实现测量和诊断信息的无线传送[16]。按照标准,WirelessHART 网关由三部分组成。与远方现场设备连接的无线部件称为无线接入点;网络管理器负责配置网络、调度设备之间的通信及监测网络的状态;网关接口部分负责 WirelessHART 网络与工厂主干网或主机系统的连接。这三部分可以集成在一起,也可以按任意方式组合或分开[16]。

WirelessHART 网络网状设计使得添加或移动设备简便易行。只要设备处于网络上其他设备的范围之内,它便可以通信。为了灵活满足不同应用的需求,WirelessHART 标准支持多种信息模式,包括过程和控制值的单向发布,通过例外报告发出自发性的通知,临时请求/响应,以及大型数据集的自动分块传输。这些功能使得通信能够按照应用的要求进行定制，从而减少耗电和开销[16]。

（2）ISA100.11a 体系

ISA100.11a 标准由美国仪器仪表协会（Instrument Society of America，ISA）下属的 ISA100 工业无线委员会制定，意在让工业无线设备以低功耗、低复杂度、合理的成本和适当的通信速率来支持工业现场应用。

ISA100.11a 标准协议体系结构必须遵循 ISO/OSI 的七层结构。其中数据链路层包括 ISA100.11a 的 MAC 扩展层、IEEE 802.15.4 的 MAC 子层和数据链路层上层，应用层包括应用子层、用户应用进程和设备管理器[18]。在 ISA100.11a 网络中，每个设备只能通过应用子层提供的数据服务访问点实现与其他设备的通信。在每个设备里，设备管理器具有管理功能，可以直接访问应用子层、传输层、网络层和管理信息库。

为了满足工业应用的需求，ISA100.11a 支持多种网络拓扑，包括 Mesh、网状、星状和星网状拓扑等结构，如图 9-3 所示。同时，在 ISA100.11a 网络结构中引入骨干网，可减小数据时延，扩大其网络覆盖面积。

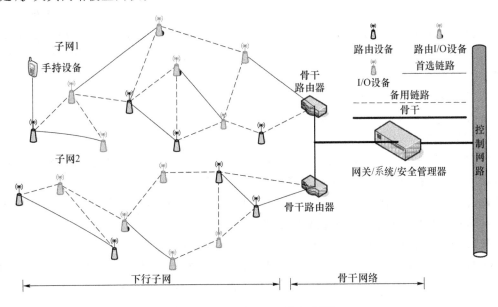

图 9-3　ISA100.11a 网络架构[19]

另外，ISA100 Wireless 专注于满足新兴的工业 4.0 要求，如可以实现 100 毫秒量级的端到端延迟的监控和过程控制，以及更短延迟的额外潜力[20]。ISA100 Wireless 支持 IPv6（互联网）互连，面向对象和更模块化的应用层，以及增加了多层（时间调度、角色表、设备分配）的灵活性，这些功能使其更适合工业应用。目前，ISA100 Wireless 的核心改进分为 5 个基本类别：通信优化、路由机制、实时控制、能源管理和安全管理。在通信优化方面，信道跳频和成帧机制可以最大限度地减少干扰并增加拥塞链路的安全保证[21]。在实时控制方面，分布式管理服务可能是 ISA100 Wireless 的另一项重要改进，并且可以提供必要的灵活性，以根据用例要求保持数据分布的程度。

WirelessHART 标准与 ISA100 Wireless 标准的基本无线通信的大部分基本特征是相似的，并且这两个标准都可以在恶劣的工业环境中运行并实现可靠和稳健的性能[22]。但是相比 ISA100 Wireless 标准的更灵活的配置和多样化的系统选项，WirelessHART 标准的简单性是一种实现和互操作性优势，使其在实践中得到更广泛的应用[23]。ISA100.12 小组委员会尝试定义 WirelessHART 和 ISA100 Wireless 的融合方法。但是两者在时间同步、时隙、网格方法、网络寻址和传输层的不兼容问题仍未得到解决。

（3）WIA-PA 体系

中国科学院沈阳自动化研究所牵头组建的中国工业无线联盟连续攻克多个工业无线通信的核心技术难关，其研究成果成功应用于多个工业领域，中国工业无线联盟于 2008 年完成了 WIA-PA（wireless networks for industrial automation-process automation，工业过程自动化的无线网络）这一国家标准的制定工作，WIA-PA 在 2011 年经国际电工委员会（International Electrical Commission，IEC）讨论通过成为国际标准。

WIA-PA 设计用于工业过程的测量、监控和开环控制[24]，允许延迟大约为 100 ms。虽然 WIA-PA 也是一个全新的标准，但它采用 IEEE 802.15.4 而不作任何修改，以便与广泛的现有基于 IEEE 802.15.4 的系统共存。而 WirelessHART 和 ISA100.11 标准认为 IEEE 802.15.4 的 MAC 层中的某些功能会阻碍其系统在工业环境中的性能，因此更倾向于删除这些并添加自己的功能。WIA-PA 在具有基于 IEEE 802.15.4 系统的场景下更有竞争力。与 WirelessHART 和 ISA100.11a 标准默认的集中式资源分配不同，WIA-PA 采用集中式和分布式两步资源分配方式[21]。

WIA-PA 网络基于 IEEE 802.15.4 标准。WIA-PA 支持冗余星型拓扑结构，由于和 WIA-FA 架构相似，将在下面和 WIA-FA 架构一起介绍。

（4）WIA-FA 网络架构

2014 年 WIA-FA 经 IEC/TC65 通过成为国际上第一个面向工厂高速自动控制应用的无线技术规范，在 2017 年成为国际标准。WIA-FA 无线网络系统是专门针对工厂自动化高实时、高可靠性要求而研究开发的一组工厂自动化无线数据传输解决方案，适用于工厂自动化和其他对速度及可靠性要求较高的场景[25]。

WIA-FA 网络采用 IEEE STD 802.11-2012 标准，可以选择不同的调制解调方式，如 FHSS、DSSS、OFDM 等[25]。WIA-PA 和 WIA-FA 网络架构相似，以 WIA-FA 为例，如图 10-4 所示，WIA-FA 定义了一组物理设备，每个设备都能够完成一个或多个功能。WIA-FA 的物理设备包括主机计算机、网关设备、访问设备、现场设备和手持设备[26]。

主机计算机是操作、维护、管理人员执行组态、网络配置与数据显示等功能的接口。网关设备是通过数据映射和协议转换将 WIA-FA 网络与其他工厂网络连接起来的设备。访问设备是在网关设备和现场设备之间转发数据的设备。转发的数据包括从网关设备到现场设备的控制命令，以及从现场设备到网关设备的字段数据。现场设备是与传感器或执行器连接并安装在工业领域的设备。现场设备可以将现场数据和警报发送到其他设备，并接收配置信息、管理信息和命令。手持设备是用于配置、固件升级和设备状态监控的便携式设备。手持设备使用有线维护端口与其直接连接的设备进行通信[25]。

WIA-FA 定义了冗余星型拓扑。如图 9-4 所示，冗余星型拓扑由网关设备与多个接入设备组成，其中每个接入设备进一步与多个现场设备形成星形拓扑。WIA-FA 的接入设备之间不直接通信，而是通过有线连接与网关通信。因此，所有接入设备都与网关同步。接入设备地址相同，对现场设备透明。一个现场设备可以与多个接入设备无线连接[26]。

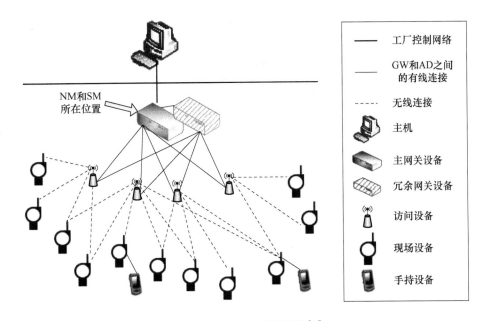

图 9-4　WIA-FA 网络架构[26]

9.2.2　蜂窝网体系

1. 4G MTC 体系

4G 系统在 LTE-A 标准中首先引入了支持 MTC 的蜂窝网络架构，如图 9-5 所示[27]。

4G 中的 MTC 网络系统主要支持突发短数据包通信的传感器网络，其典型代表为智能电网的用电传感器网络[27]。4G MTC 网络设备对于峰值速率要求较小，对时延不敏感，时延需求多为几十至几百毫秒，且 4G HTC 网络的 KPI 足以满足该应用需求[27]。

根据本章参考文献[27]所述，其网络架构共分 3 个域：MTC 设备域、MTC 网络域和 MTC 应用域。MTC 设备域包括 MTCD（MTC device，MTC 设备）与 MTCG（MTC gateway，MTC 网关）；MTC 应用域由 MTC 服务器构成；MTC 网络域包括 RAN（radio access network，无线接入网）和 CN（core network，核心网）[27]。MTC 设备承载着 MTC 网络的环境感知功能，再将感知到的环境数据通过 MTC 网络域发送给 MTC 服务器，MTC 服务器处理 MTC 设备上传的数据并通过 MTC 网络域的下行链路向 MTC 设备传输控制命令。RAN 为 MTC 设备与 CN 之间建立通信连接，CN 负责 MTC 网络域与 MTC 服务器之间的数据交互以及对 RAN 和 MTC 设备的管理。RAN 和 CN 是 4G 及 5G 通信系统研究的主要对象，对于 RAN，4G LTE-A 提出了两种 MTC 设备与 eNodeB 连接的方案[27]：

① MTC 设备与 eNodeB 直接建立双向通信链路；

② MTC 设备通过 MTC 网关建立 MTC 设备域通信子网，MTC 网关再与 eNodeB 建立直接链接的双向通信链路，如此实现 MTC 设备的间接接入。

LTE-A 的 CN 共有六大功能实体，包括：PGW（packet data network gateway，分组数据网关）、SGW（serving gateway，服务网关）、MME（mobility management entity，移动性管理实体）、HSS（home subscriber server，用户归属服务）、SCSs（service capability servers，

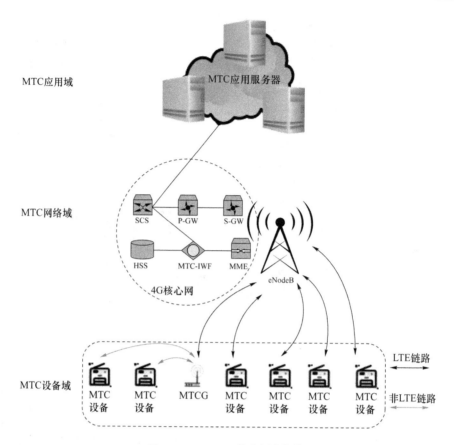

图 9-5 4G MTC 蜂窝网络架构

服务功能服务器）、MTC-IWF（MTC interworking function，MTC 交互功能）[27]。PGW、SGW、MME、HSS 是 MTC 与 HTC 网络共用的功能实体，而 SCSs 与 MTC-IWF 是 LTE-A 为 MTC 功能专门设置的功能实体。PGW 与 SGW 完成对 HTC 用户与 MTC 用户数据的转发，MME 完成与用户移动性相关的功能，如鉴权（authentication）、寻呼（paging）、网络承载管理（bearer management in network），HSS 是储存用户注册归属地信息的主要数据库。SCSs 是 CN 与 MTC 应用服务器的网络接口，负责为 MTC 应用服务器网络提供服务，并与 CN 内的其他功能实体进行数据交互；MTC-IWF 是 CN 的内部接口模块，它负责对来自 SCSs 的应用请求鉴权并在确定接受或者拒绝 SCSs 的请求后转发这些应用请求。此外，MTC-IWF 还负责对 MTC 应用域隐藏 MTC 网络域和设备域的网络拓扑，并将 MTC 应用域的协议语言转化为 LTE 陆地蜂窝网的通信协议语言[27]。

总体来看，4G LTE-A 在原有面向人的通信（HTC）蜂窝网络的基础上对核心网增加新的功能实体以兼容 MTC 通信网络协议。MTC 网络的各个功能实体之间由于需要通信协议转换，通信效率较低，其通信容量和时延 KPI 只能持平于或者低于 4G HTC 通信网络的 KPI。

2. 5G MTC 体系

在 5G 时代，随着自动驾驶、智能家居等产业的需求日益高涨，MTC 通信场景出现了显著的变化[28]：

① MTC 设备需要具备主动感知环境的能力,并且 MTC 设备间(尤其是物理空间相邻的 MTC 设备间)具有了显著的通信需求。

② 5G MTC 通信网络的空口时延、连接设备数和峰值速率指标与 LTE-A 标准相比分别提高了 10 倍、10 倍和 20 倍[29,30]。

5G MTC 网络架构如图 9-6 所示[27]。

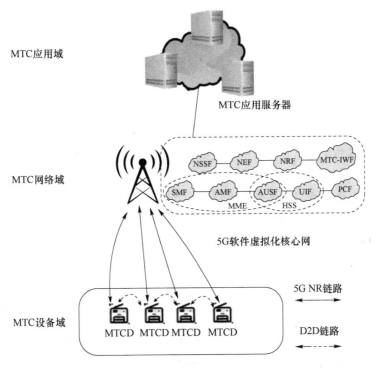

图 9-6　5G MTC 网络架构

在物理层方面,5G 采用了多种新兴的物理层技术,其典型代表为 mmWave(milli-meter wave,毫米波)、mMIMO(massive multi-input multi-output，大规模多输入多输出)、BF(beam forming,波束成形)技术[28]。毫米波频段的开放、mMIMO 与 BF 的应用极大扩展了可用的频段,提高了频谱效率,增加了空分复用资源,提高了设备连接数、网络峰值速率,降低了网络空口时延。

在网络架构层面,5G 网络采用 D2D(device to device,设备间)通信和网络切片(network slicing)等关键技术,满足 MTC 业务的需求[27]。D2D 通信给予了 MTC 设备间自行通信、甚至组成子网的能力,如此两个近邻设备间的通信就不必再经过功能复杂的 MTC 网络域处理,从而降低了通信时延,保证信息的时效性。网络切片是一种按需组网的方式,通过在统一的基础设施上分离出多个虚拟的端到端网络,每个网络切片从无线接入网到承载网再到核心网上进行逻辑隔离,以适配各类 MTC,如 mMTC、uMTC(ultra-reliable MTC,超可靠机器类通信)和 eMTC(LTE enhanced MTC,增强机器类通信)及各类 HTC 业务的 QoS(quality of service,服务质量)需求[29]。网络切片技术的核心包含 NFV(network function virtualization,网络功能虚拟化技术)和 SDN(software defined network,软件定义网络)[31]。NFV 技术利用软件虚拟机实现 MTC 网络层各大功能实体的功能,实现软件和硬件的解耦,避免使用大量复杂且昂贵的基础硬件来实现 LTE 中定义的功能实体,降低了成本,减少了多个功能实体间的通信协议开销和时延,提高了网络的灵活性和可扩展性[32]。SDN 技术通过网络控制平面与转发数据平面的物理分离,使 5G MTC 网络更加智能化、灵活地以更小粒度编排和控制应用进程和服务,快速响应 MTC 设备需求的变化[33]。

9.3 工业无线网络关键技术

9.3.1 感知技术

工业领域的感知主要是指对生产过程中设备的生产信息与参数等一系列外在工业环境的感知,它包含了很多方面的内容,首先是对目标运动状态检测与识别,可通过使用超声波感知技术以及各类传统传感器感知技术以及使用雷达技术来分别实现;其次是对目标的成像,可以通过使用机器视觉技术来实现;再次是对处理对象的非物理状态信息的感知,主要是使用 RFID(radio frequency identification,射频识别)技术来实现。

(1) 机器视觉技术

机器视觉设备将光信号转换为电信号,获取环境中的图像,再通过对图像的智能分析,使工业装备具有了基本的识别和分析能力。随着图像处理与人工智能的算法和软件的发展,机器视觉已经是与工业应用结合最为紧密的技术,已经广泛应用于 3C(computer、communication、consumer)电子、汽车制造、机器人与工厂自动化、食品生产、制药、半导体、物流等行业,极大地改善了生产线工艺水平,提升了产品的质量和成品率,是现代工业的核心技术之一。例如,一条汽车车身焊接生产线一般会配备多个视觉系统,主要用于车身装配检测、面板印刷质量检测、字符识别、零件尺寸精密测量、表面缺陷检测、自由曲面检测、间隙检测等,未来随着汽车智能制造的逐步应用,对机器视觉技术的需求也会逐步提高。

(2) 传感器感知技术

在自动化生产过程中,要用不同的传感器来采集、控制和监视生产过程中的设备的生产信息和参数,保证生产过程在设备工作正常状态或最佳状态,从而使生产出来的产品达到最佳质量。工业生产过程中会用到很多不同的传感器感知技术,下面以超声波感知技术以及红外和力矩传感器感知技术为例具体展开传感器感知技术。

在工业场景中超声波应用十分广泛,主要用途是探测与检测。可以利用超声波对集装箱状态进行探测。将超声波传感器安装在塑料熔体罐或塑料粒料室顶部,向集装箱内部发出声波时,就可以据此分析集装箱的载货状态。超声波传感器还可用于检测透明物体、液体、表面粗糙的物体、表面光滑的物体、光的密致材料和不规则物体。

红外传感器是利用红外线的物理性质来进行测量的传感器。红外线传感器测量时不与被测物体直接接触,因而不存在摩擦,并且具有灵敏度高、反应快等优点,在光谱辐射测量、搜索和跟踪、热成像和长距离测距等方面应用广泛。

力矩传感器,又称扭矩传感器、扭力传感器、转矩传感器、扭矩仪,分为动态和静态两大类,其中动态扭矩传感器又可称为转矩传感器、转矩转速传感器、非接触扭矩传感器、旋转扭矩传感器等。扭矩传感器是对各种旋转或非旋转机械部件上对扭转力矩感知的检测。扭矩传感器将扭力的物理变化转换成精确的电信号。扭矩传感器广泛应用于过程工业和流程工业中,例如动力设备和机械设备的输出扭矩及功率的检测,又如实验室、测试部门以及生产监控部门和质量控制部门的相关检测。

（3）雷达感知技术

雷达是利用电磁波探测目标的电子设备。雷达发射电磁波对目标进行照射并接收其回波,由此获得目标至电磁波发射点的距离、径向速度、方位、高度等信息。根据使用的电磁波不同,雷达可分为毫米波雷达和激光雷达。

除了能够实现基本的测距、测速等功能外,雷达还可用于非接触式测量,例如采用微波脉冲进行测量的雷达物位计,可被安装于各种金属、非金属容器或管道内,对液体、浆料及颗粒料的物位进行非接触式连续测量。同时,雷达还可以用于检测结构性危险,以及在气象、地理等领域[34],实现对大气、森林、地形等事物的探测。

（4）RFID技术

RFID(radio frequency identification,射频识别)是一种非接触地、实时快速地、高效准确地采集和处理对象信息的自动识别技术。RFID是传统条码技术的继承者,又称为"电子标签"。RFID主要由电子标签、天线、读写器和控制软件组成,简单理解为读写器通过无线电波技术,无接触式快速批量读写标签内的信息,在工业生产过程中使用RFID技术,将产品放置于托盘/工装,安装于生产线的RFID阅读器自动识别托盘/工装的RFID标签,并与MES实时对接,完成信息绑定跟踪管理,零配件识别、加工工序自动识别,检测设备自动对接等功能。RFID作为一种自动化的数据采集技术,可以与相关的软件系统,如WMS、LES、MES等结合应用,从而满足数据自动批量采集上传、自动校验、自动反馈等业务需求。RFID也可以使工业感知朝着更加集成化、智能化的方向发展。

9.3.2　通信技术

在工业无线网中,通信对象种类多样,通信环境复杂多变,时延要求高,并且随着工业互联网的发展,其业务对时延和确定性要求更加苛刻。因此,需要有针对性的技术来满足需求。

（1）标识解析技术

标识解析技术可以用于识别工业无线网络中不同物体、实体、对象的名称标记,这些标记可以是由数字、字母、符号、文字等以一定的规则组成的字符串。主要目的是面向实体对象、数字对象等进行唯一标记及提供信息查询,以便各类信息处理系统、资源管理系统、网络管理系统对目标对象进行管理和控制。工业无线网络标识解析技术在识别网络内各个实体的作用基础上增加了查询实体关联信息的功能[35]。标识解析技术可以解决"信息孤岛"问题,突破不同领域间的信息壁垒,成为工业无线网络的基本支撑技术[35]。

（2）时延敏感网络技术

在工业领域中,工业类业务(远程控制、工业自动化、可移动机器人等)对时延、可靠性、抖动等指标有更高的要求。时延敏感网络(TSN)由于能提供确定的时延而在工业领域逐渐受到重视。

TSN 技术遵循标准以太网协议体系,打破原有封闭协议模式,提高了工业设备的连接性和通用性,具有良好的互联互通能力。在提供确定性时延、带宽保证等能力的同时,TSN 技术实现标准、开放的二层转发,提升了互操作性,为传统运营技术(OT)与互联网技术(IT)网络向融合扁平化的架构演进提供了技术支撑[36]。

TSN 能够为目前广泛采用、实施成本低的以太网引入确定性。其核心技术特点主要包括支持精确时间同步,提供端到端的确定性低延迟通信和支持动态网络配置。在工业物联网中,TSN 主要适用于工厂内车间级骨干网络。在工厂车间级,TSN 技术适用于 IT/OT 系统融合、自动化设备间横向实时通信、面向智能制造和设备维护的数据采集和状态监控[37]。

借助"5G+TSN"协同传输技术,网络不仅能支持移动类型的智能工业设备,还能实现工业数据的确定性低时延传输与高可靠保障,能实现感知、执行与控制的解耦,能实现控制决策的集中,从而为大规模设备间的协同协作提供了有力的技术支撑[38]。

(3)mMTC/uRLLC

面向工业网络的 5G 技术主要从非正交多址接入(non-orthogonal multiple access,NOMA)、大规模多输入多输出(massive MIMO)、多连接以及短子帧结构等方面研究 mMTC 和 uRLLC 场景。

在 5G 的接入方案中出现了一系列非正交新型多址技术。高通、华为、中兴和大唐电信都提出了自己的多址接入技术,分别为资源扩展多址接入、稀疏编码多址接入、多用户共享接入和图样分隔多址接入。尽管这些技术的实现不同,但是本质上都是非正交多址(NOMA)技术。对于智能机器网络通信的上行,免授权传输可以减少终端设备的控制信令开销、传输延迟和功耗,特别是对于上行链路[39]。因此,3GPP R16 NOMA 研究项目侧重于自动的、不需授权的、基于竞争的非正交多址接入方案[40]。在中国工业与信息产业部 MIIT 牵头的国测中,NOMA 技术通过低相关性大容量多址接入签名码资源池的设计,在终端侧实现了真正免调度的 one-shot 发送,基站接收机实现了算法简单、运算效率高的盲检过程,满足了未来大规模机器网络海量大连接应用场景下低成本、低功耗、海量接入的需求外延,并同时满足了 uRLLC 应用场景下小数据包随机突发时免调度、短时延、低功耗的要求[41]。

在大规模 MIMO 技术研究方面,本章参考文献[42]针对基于毫米波的大规模 MIMO 系统提出了一种效用-延迟控制方法来适应信道变化和队列动态,确保了可靠通信和低时延需求被满足。本章参考文献[43]研究了大规模多用户多输入多输出(MU-MIMO),以通过最小二乘信道估计实现具有不完美 CSI 的 URLLC。这种方案利用来自多个接收天线的空间分集而不是限制延迟的重传来提高可靠性。

在多连接技术研究方面,本章参考文献[44]同时使用设备对设备(D2D)和蜂窝链路来传输每个数据包改善网络链路的可用范围,来满足 URLLC 对服务质量和网络可用性严格的要求。本章参考文献[45]从中断概率和吞吐量的角度量化了多连接的通信性能,建立了一个简单但准确的高信噪比(SNR)分析框架,来说明多连接在真实蜂窝网络中实现高可靠性和高数据速率的潜力。

在短子帧技术研究方面,在本章参考文献[46]中,作者提出了一种缩短的物理上行控制信道(sPUCCH),该信道包含两个单载波频分多址(SC-FDMA)符号,利用符号级跳频来提高超低延迟通信的可行性。本章参考文献[47]提出了在大量机器节点存在的情况下，实现 URLLC 的随机调度方案，该方案考虑了对突发 URLLC 数据包的 $M/G/\infty$ 排队机制，使每个数据包在至多两个 mini slots 的队列中排队，从而降低 URLLC 的数据包时延。

9.3.3　计算技术

计算技术目前在工业场景中已得到了广泛应用，根据其在网络中所处的位置，目前比较常用的有云计算、边缘计算。

云计算（cloud computing）是网格计算、并行计算、网络存储等传统计算机技术和网络技术发展融合的产物。它旨在通过网络把多个成本相对较低的计算实体整合成一个具有强大计算能力的完美系统。其核心理念是通过不断提高"云"的处理能力，来减小用户终端的处理负担。云计算是一个虚拟的计算资源池，它通过互联网为用户提供资源池内的计算资源，并动态部署、动态分配这些资源，实时监控资源的使用情况。在典型的云计算模式中，用户通过计算机、手机等终端设备接入网络，向"云"提出需求，"云"接收请求后组织资源，通过网络为"端"提供服务。用户终端的功能可以大大简化，诸多复杂的计算与处理过程都将转移到终端背后的"云"上去完成。在云计算中，用户所处理的数据并不需要存储在本地，而是保存在互联网的数据中心，用户所需的应用程序也无须运行在用户的计算机、手机等终端设备上，而是运行在互联网的服务器集群中。

边缘计算是指在网络靠近数据生成端执行计算的计算形式。在工业场景中，边缘计算通过在网络边缘侧设立边缘服务器，为应用提供计算、存储和传输等服务，满足用户在低时延、高带宽、个性化、高安全性、高隐私性等要求下的应用。边缘计算在现场级、实时级、短周期级的数据分析上有不可比拟的优点。同时，边缘计算的发展也离不开云计算。来自用户终端的信息需要在云平台上进行汇总和分析，从而为边缘服务提供更好的分析样板。这种组合可以在低延时、高稳定的网络连接中更好地为用户提供服务。

工业互联网的众多场景，都希望通过边缘计算技术提供一体式服务，既可以拥有传统云计算共享的计算、存储等资源，又可以根据不同的业务需求提供差异化的实时处理、高可靠网络传输服务能力。云计算达到了两个分布式计算的重要目标：可扩展性和高可用性。可扩展性表达了云计算能够无缝地扩展到大规模的集群之上，甚至包含数千个节点同时处理。高可用性代表了云计算能够容忍节点的错误，甚至有很大一部分节点发生失效也不会影响程序的正确运行[7]。边缘计算因其算力节点下沉、实时处理能力强等特点，近年来在工业互联网领域被广泛应用。传统的云计算由于计算节点离终端较远，无法满足工业企业现场对网络的低时延、高可靠性等需求。边缘计算的出现，将计算、存储、网络等资源节点下沉至靠近终端侧的网络边缘，不仅可以满足工业互联网场景下实时、可靠的响应需求，而且可以融合 AI、大数据等新技术推动企业数字化转型[48]。边缘计算作为一种分散式运算架构，可打通云、边、网、端等关键环节，通过靠近物或数据源头，实现计算、网络、存储等多维度资源的统一协同调度及全局优化。即在端侧部署边缘计算平台，就地实现实时高效的轻量级数据处理，实现工业互联网数据的纵向集成，以满足工业在敏捷连接、实时业务、数据聚合、应用智能等方面的需求[49]。

工业智能（亦称工业人工智能）技术是人工智能技术与工业融合发展形成的，贯穿于设计、生产、管理、服务等工业领域的各个环节,实现了模仿或超越人类感知、分析、决策等能力的技术、方法、产品及应用系统。工业智能技术包括专家系统、机器学习、知识图谱、深度学习等,已在工业系统各层级、各环节广泛应用[49]。

9.4　工业无线网络的未来趋势

为满足大规模智能机器高效可靠互联的需求,需要构建通信-感知-计算一体化智能机器网络,通过智能机器网络感知、通信、计算、控制全流程联合优化,实现通信-感知-控制闭环信息流低时延高可靠交互。通信-感知-计算一体化网络是指同时具备物理-数字空间感知、泛在智能通信与计算能力的网络。该网络内的各网元设备通过通感算软硬件资源的协同与共享,实现多维感知、协作通信、智能计算功能的深度融合、互惠增强,进而使网络具备新型信息流智能交互与处理及广域智能协作的能力[19]。通信-感知-计算一体化网络是解决大规模智能机器高效可靠互联与快速适变环境的重要技术途径,是智能机器网络未来的发展趋势。关于通信-感知-计算一体化网络更详细的内容可以参考本章文献[19],即中国通信学会发布的白皮书《通感算一体化网络前沿报告》,该报告由中国通信学会组织,由北京邮电大学张平院士和中国电信集团有限公司科创部王桂荣总经理担任专家作指导,旨在推动面向6G的通感算一体化网络相关技术的发展,促进学术界与产业界达成共识,推进通感算一体化网络技术走向成熟与商用。

本章参考文献

[1]　工业互联网产业联盟. 工业互联网体系架构(版本 2.0)[R]. 中国:工业互联网产业联盟,2020.

[2]　工业互联网产业联盟. 工业智能白皮书[R]. 中国:工业互联网产业联盟,2020.

[3]　工业互联网产业联盟. 2019 年工业互联网案例汇编-垂直行业应用案例[R]. 中国:工业互联网产业联盟,2020.

[4]　工业互联网产业联盟. 5G 与工业互联网融合应用发展白皮书[R]. 中国:工业互联网产业联盟,2020.

[5]　赵振越. 工业传感器加速迈进智能时代[N]. 中国计算机报,2021-06-14(15).

[6]　Li Z, Zhou X, Qin Y. A survey of mobile edge computing in the industrial internet [C]//2019 7th International Conference on Information, Communication and Networks (ICICN). 2019:94-98.

[7]　李辉,李秀华,熊庆宇,等. 边缘计算助力工业互联网:架构,应用与挑战[J]. 计算机科学,2021,48(1):1-10.

[8]　曹健,高静. 面向智能制造的工业无线网络研究[J]. 科学技术创新,2017(30):95-96.

[9]　彭健. 工业互联网之无线技术用频[J]. 上海信息化,2017(8):28-32.

[10]　藏军,黄伟,谢光福. 石油石化行业无线电通信技术特点分析[J]. 中国新通信,2017,19(12):5.

[11] Hasegawa T. International standardization and its applications in industrial wireless network to realize smart manufacturing[C]//2017 56th Annual Conference of the Society of Instrument and Control Engineers of Japan (SICE). IEEE, 2017: 275-278.

[12] 王奕,黄港明,姜玉河.基于工业互联网的钢铁企业智慧物流架构研究与实践[J].冶金自动化,2021,45(6):1-7,29.

[13] 马腾飞,杨志勇,谷长春.基于工业互联网的玻璃绝缘子智能制造系统设计[J].物联网技术,2021,11(7):55-58.

[14] 张宏科,程煜钧,杨冬.工业网络技术现状与展望[J].物联网学报,2017,1(1):13-20.

[15] 钱炜华.基于工业互联网的智能物流创新应用[J].电子技术,2021,50(7):152-153.

[16] Yu H, Zeng P, Xu C. Industrial wireless control networks: From WIA to the future[J]. Engineering, 2022, 8: 18-24.

[17] IEC. Iec-62734: Industrial networks-wireless communication network and communication profiles-isa 100. 11 a[R]. Geneva:IEC, 2014.

[18] Wei T, Feng W, Chen Y, et al. Hybrid Satellite-Terrestrial Communication Networks for the Maritime Internet of Things: Key Technologies, Opportunities, and Challenges[J]. IEEE Internet of Things Journal, 2021, (99):1-1.

[19] 中国通信学会.通感算一体化网络前沿报告[R].中国:中国通信学会,2021.

[20] Raptis T P, Passarella A, Conti M. A survey on industrial Internet with ISA100 wireless[J]. IEEE Access, 2020, 8: 157177-157196.

[21] Wang Q, Jiang J. Comparative examination on architecture and protocol of industrial wireless sensor network standards[J]. IEEE Communications Surveys & Tutorials, 2016, 18(3): 2197-2219.

[22] Petersen S, Carlsen S. WirelessHART versus ISA100. 11a: The format war hits the factory floor[J]. IEEE Industrial Electronics Magazine, 2011, 5(4): 23-34.

[23] Adriano J D, do Rosario E C, Rodrigues J J P C. Wireless sensor networks in industry 4. 0: WirelessHART and ISA100. 11a[C]//2018 13th IEEE International conference on industry applications (INDUSCON). IEEE, 2018: 924-929.

[24] Zhong T, Mengjin C, Peng Z, et al. Real-time communication in WIA-PA industrial wireless networks[C]//2010 3rd International Conference on Computer Science and Information Technology. IEEE, 2010, 2: 600-605.

[25] Fang X, Feng W, Wei T, et al. 5G embraces satellites for 6G ubiquitous IoT: Basic models for integrated satellite terrestrial networks[J]. IEEE Internet of Things Journal, 2021, 8(18): 14399-14417.

[26] Wang Y, Feng W, Wang J, et al. Hybrid satellite-UAV-terrestrial networks for 6G ubiquitous coverage: A maritime communications perspective[J]. IEEE Journal on Selected Areas in Communications, 2021, 39(11): 3475-3490.

[27] Shariatmadari H, Ratasuk R, Iraji S, et al. Machine-type communications: current status and future perspectives toward 5G systems [J]. IEEE Communications

Magazine，2015，53(9):10-17.

[28] Bockelmann C，Pratas N，Nikopour H，et al. Massive machine-type communications in 5G：Physical and MAC-layer solutions[J]. IEEE Communications Magazine，2016，54(9)：59-65.

[29] Kaloxylos A. A Survey and an Analysis of Network Slicing in 5G Networks[J]. IEEE communications standards magazine，2018，2(1):60-65.

[30] Akpakwu G，Silva B，Hancke G P，et al. A Survey on 5G Networks for the Internet of Things：Communication Technologies and Challenges [J]. IEEE Access，2017，5(12):3619-3647.

[31] Halabian H. Distributed resource allocation optimization in 5G virtualized networks [J]. IEEE Journal on Selected Areas in Communications，2019，37(3)：627-642.

[32] ETSI NFV ISG. Network function virtualization，white paper[EB/OL]. (2012-10-20)[2023-05-24]. http://www. etsi. org/technologies cluster/technologies/nfv.

[33] Pitt D. ONF：Applying SDN to optical transport [C]//2015 Optical Fiber Communications Conference and Exhibition (OFC). Los Angeles：IEEE Press，2015：341-353.

[34] Tian Luo，Qu Yonghua，Qi Jianbo. Estimation of Forest LAI Using Discrete Airborne LiDAR：A Review[J]. Remote Sensing，2021，13(12) ：2408-2408.

[35] 杨震,张东,李洁,等. 工业互联网中的标识解析技术[J]. 电信科学,2017,33(11)：134-140.

[36] 沈彬,李海花,高腾. 工业互联网技术洞察[J]. 中兴通讯技术,2020,26(6):34-37.

[37] 《工业物联网互联互通白皮书》在无锡发布[J]. 模具工业,2018,44(10):10-11.

[38] 李卫,孙雷,王健全,等. 面向工业自动化的 5G 与 TSN 协同关键技术[J]. 工程科学学报,2022,44(6):1044-1052.

[39] Yuan Y，Yuan Z，Tian L. 5G non-orthogonal multiple access study in 3GPP[J]. IEEE communications magazine，2020，58(7)：90-96.

[40] Study on Non-Orthogonal Multiple Access(NOMA) caseso for NR[S]3GPP，2018-12.

[41] ZTE. NOMA,满足 5G 三大应用场景需求的 NR 关键技术[EB/OL]. (2018-08-27)[2023-05-10]. https://www. zte. com. cn/china/about/magazine/zte-technologies/2018/6-cn/5G-volume/Tech-Article. html.

[42] Vu T K，Liu C F，Bennis M，et al. Ultra-reliable and low latency communication in mmWave-enabled massive MIMO networks[J]. IEEE Communications Letters，2017，21(9)：2041-2044.

[43] Zeng J，LYU T J，Liu R P，et al. Linear minimum error probability detection for massive MU-MIMO with imperfect CSI in uRLLC[J]. IEEE Transactions on Vehicular Technology，2019，68(11)：11384-11388.

[44] She C Y，Chen Z C，Yang C Y，et al. Improving network availability of ultra-reliable and low-latency communications with multi-connectivity [J]. IEEE

Transactions on Communications，2018，66(11)：5482-5496.

［45］ Wolf A，Schulz P，Dörpinghaus M，et al. How reliable and capable is multi-connectivity?［J］. IEEE Transactions on Communications，2019，67（2）：1506-1520.

［46］ Xia S，Han X，Yan X Uplink control channel design for 5G ultra-low latency communication［C］//in Proc. IEEE 27th Annu. Int. Symp. on Personal，Indoor，and Mobile Radio Commun. (PIMRC)，Sep. 2016：1-6.

［47］ Zhang W，Derakhshani M，Lambotharan S . Stochastic Optimization of URLLC-eMBB Joint Scheduling With Queuing Mechanism［J］. IEEE Wireless Communication Letters，2020，(99)：1-1.

［48］ 李浩，王昊琪，刘根，等. 工业数字孪生系统的概念,系统结构与运行模式［J］. 计算机集成制造系统，2021，27(12):18.

［49］ 沈彬,李海花,高腾.工业互联网技术洞察［J］.中兴通讯技术,2020,26(6):34-37

第10章　典型智能机器网络:车联网

本章概括性地介绍了智能机器网络中的车联网,包括车联网的概念、标准以及通感算一体化中的智能车联网的概念。希望读者从中了解到车联网的基本规划、车联网所面临的挑战。

10.1　车联网的概念

车联网实现车与车(vehicle-to-vehicle,V2V)、车与路(vehicle-to-road,V2R)以及车与基础设施(vehicle-to-infrastructure,V2I)之间的信息交换,以提供车辆安全、交通控制、信息共享和互联网接入等服务,最终提高交通效率,减少交通事故,提升交通流的安全性和效率。车联网如图10-1所示。车联网中的V2R与V2V主要依靠短距离传输技术,而移动通信网络主要是针对V2I的通信连接,也就是远距离传输,如4G、5G移动通信网络[1]。

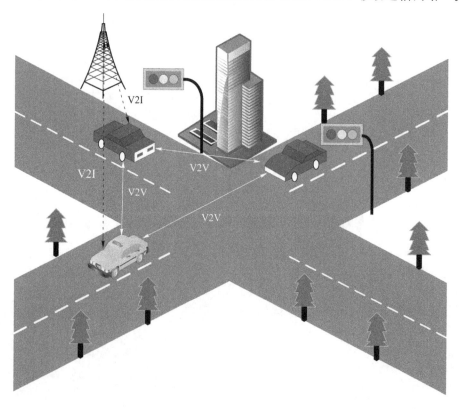

图 10-1　车联网示意图

10.2　主要的车联网标准

车联网标准包括专用短距离通信(DSRC)标准,电气电子工程师协会(IEEE)推动的 IEEE 802.11p 和 IEEE 1609 系列标准,以及 3GPP 提出的蜂窝车联网(cellular vehicle to x, C-V2X),包括 LTE-V2X、5G NR-V2X 等标准。目前以 IEEE 802.11p 标准为基础的 DSRC 技术较为成熟,然而 DSRC 数据速率和传输范围等性能指标较差;C-V2X 标准克服了 DSRC 的不足,有望推动无人驾驶等对时延、数据速率、传输范围要求较高的应用成为现实,有助于构建"人—车—路—云"协同的车联网产业生态体系。

由表 10-1 可见,以 4G 和 5G 为基础的车辆网标准在支持车速、时延、最大数据速率、通信范围等方面的指标上优于 DSRC,但是由于 DSRC 自 1999 年由美国联邦通讯委员会(FCC)提出以来经历了长期的发展和优化,因此更为成熟。

表 10-1　主要的车联网标准[2,3]

技术	DSRC	LTE-V	5G NR-V2X
支持车速/(km · h⁻¹)	≤200	≤280	≤350
时延/ms	≥100	20~100	≤1
最大数据速率/(Mbit · s⁻¹)	27	数据包:1 200 B 频率:1~10 Hz	1 000
通信范围/m	室内(300) 室外(1 000)	V2X(≤320)	V2V(≤1 000)

10.2.1　DSRC/IEEE 802.11p

DSRC 用于 V2V 以及 V2I 的通信。2004 年 IEEE 成立了车辆无线接入(WAVE)工作组,升级和完善了由美国材料实验协会(American Society of Testing Materials,ASTM)制定的基于 5.9 GHz 频段的 DSRC 标准。2010 年,WAVE 工作组发布了 IEEE 802.11p 标准,推动了 DSRC 向 IEEE 802.11p 和 IEEE 1069/WAVE 系列标准的演进。IEEE 802.11p 标准支持相邻车辆之间的通信。IEEE 1609 系列标准则完善了 DSRC 标准的应用层功能,在 IEEE 802.11p 的基础上定义了 V2V 和 V2I 通信的数据交换格式和安全措施等。

10.2.2　C-V2X

2017 年 3GPP 完成了 LTE-V2X 标准的制定,2018 年 Release 15 完成了 LTE-V2X 的增强版 LTE-eV2X 的制定。5G 在数据速率、时延、可靠性等方面相比 4G 有显著的提升,因此适合车联网等智能机器网络。3GPP Release 15 - Release 17 是 5G 的标准规范,Release 18 是 5G-Advanced(5G-A)的标准版本,在垂直行业开始拓展应用。3GPP Release 16 中进行了 5G NR-V2X 标准化，Release 17 进一步提出了直通链路（sidelink），支持单播、多播和广播等更加丰富的通信模式。

C-V2X 的接口包括两种：一种是终端和基站之间的通信接口（Uu），另一种是车、人、路之间的短距离直接通信接口（PC5）。Uu 接口以基站为控制中心，V2V、V2I 通信通过基站进行，在蜂窝网络覆盖良好的情况下，Uu 接口就可以为车辆提供通信服务；PC5 接口可以实现车辆的数据直连，在蜂窝网络覆盖不理想的情况下，PC5 接口可以独立提供通信服务。

10.3 通感算融合的智能车联网

自动驾驶是提高出行效率、提升驾乘体验的主流技术，是车辆发展的未来趋势。当前产业界争相开展自动驾驶技术的研究与测试工作，如特斯拉、UBER、谷歌 WAYMO 和百度等[4]，致力于将自动驾驶技术商业化。但是，现有自动驾驶技术主要依靠本地车辆的多种传感器，受观察视角遮挡等因素的影响，单车传感器在探测范围、探测精度、探测结果质量等方面感知能力有限。目前车辆传感器主要采用独立工作的方式，如摄像头进行图像识别、雷达进行速度和距离探测，目前车辆尚缺乏多种传感器数据有效深度融合的能力。在雨雪等复杂天气条件下，如果摄像头等传感器失效，本地车辆独立自动驾驶的安全性将受到严重威胁。这种现状限制了自动驾驶的发展，使之停留在 L2、L3 级别，即需要驾驶员高度参与控制的自动驾驶系统[5]。这种级别很难处理突发情况，驾驶员会因为过分信赖自动驾驶系统而引发交通事故[6]。

为了满足 L4 和 L5 级别自动驾驶的需求，必须解决现有单车感知能力不足的问题[7]。同时，未来将有越来越多的自动驾驶车辆投入使用。自动驾驶车辆组网的需求也会变得日益急迫[8]，车间信息共享能力不足将严重制约自动驾驶技术的发展。因此，迫切需要研究自动驾驶单车多传感器信息融合新方法，以及基于通感算融合的车联网新技术，通过多车协同提升自动驾驶的安全性。

为此，本节从 L4/L5 级别自动驾驶需求出发，面对多车感知数据融合与协同处理对多车协同组网以及分布式协同计算提出的需求与挑战，提出基于通感算融合的智能车联网的发展思路。

10.3.1 多车感知数据融合与协同处理

1. 多车协同组网需求与问题分析

通过车间通信来实现紧急事件预警的方法很早就被提出[9]，然而利用车间通信来预警的方案迟迟没有获得广泛实施。由于缺乏通信和预警信息，当前自动驾驶汽车的安全性面临严峻挑战，在测试中事故频发。例如，2018 年发生在美国亚利桑那州的 UBER 测试车事故[7]，由于探测能力有限以及通信协同能力缺失，造成横穿公路的行人死亡。基于车间协同通信的预警方法，有助于车辆提早获知危险信息，有望避免此类事故的发生。

　　然而，现有车联网通信技术在一定程度上还无法满足面向大规模自动驾驶场景的大宽带低时延高可靠通信的要求。目前，全球车联网通信技术标准主要包括 dedicated short-range communications（DSRC）和 cellular vehicle-to-everything（C-V2X）两大主流技术标准。DSRC 技术基于 IEEE 802.11p 底层通信协议与 IEEE 1609 系列标准。仅支持 3～27 Mbit/s传输速率，且在非视距环境下时延将急剧增大[10]。C-V2X 在抗干扰能力、吞吐量以及非视距环境下的通信性能均优于 DSRC 技术。基于 5G NR 新空口的 5G-V2X 性能将较基于 4G 空口的 LTE-V2X 技术有大幅度增强，传输时延将降至毫秒级，单车上行传输速率为 50 Mbit/s[11,12]。进一步，5G NR Rel-16、Rel-17 版本将于 2020 年完成[13]。

　　但是，面向自动驾驶车辆的多种传感器产生的数据量是海量的。据测算，仅通过图像识别方式获取的单车数据速率将超过 40 Gbit/s[14]。目前部署的 5G 移动通信系统的上行空口时延最低为 4 ms[15]，仍无法满足面向 L4 级别自动驾驶的需求，即数据端到端传输和处理时延小于 1 ms 的要求[16]。考虑到智能车联网节点数量多、环境高动态变化、车载传感器数据量大的特点，目前部署的 5G 移动通信系统性能较难满足面向自动驾驶的车联网的要求[15]。因此，当前移动通信技术在车联网系统中的部署与应用仍面临较大挑战，亟须研究面向自动驾驶的车联网通信的新方法与新技术。

2. 传感器数据融合与共享利用的难题分析

　　尽管当前自动驾驶车辆已经搭载了多种传感器，如图 10-2 所示，包括激光雷达、毫米波雷达和摄像头等，产生大量感知数据，有效扩展了车辆的视野[17]。但是当前缺乏对多种传感器感知数据的融合处理方法。亟须设计多种传感器数据的有效融合与联合处理方案，如摄像头和毫米波雷达感知信息的融合，可以综合利用目标形状、距离、速度等感知信息，实现对物体的精准定位与识别。在某些传感器工作受限的情况下，采用多种传感信息融合的方式可以极大地提高传感器综合性能，为特殊天气和时间条件下的行车安全提供进一步的保障。

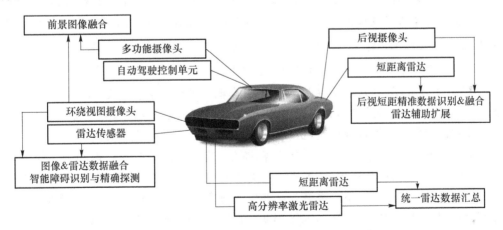

图 10-2　自动驾驶车辆的多种传感器信息融合示意图

　　现有车载传感器信息融合主要在空间域和频率域实现，通过多尺度变换（multi-scale transform，MST）融合熵的方法实现信息融合[18]。但是该方法存在如下缺陷：①不同源数据在同一区域的特性不同,导致融合数据对比度下降;②层次分解和类型的选择烦琐;③MST方法计算复杂度高,不适合车联网实时信息处理的要求;④伪吉布斯现象带来的误差或伪影问题严重[19]。为解决上述融合算法的诸多缺点,如何设计多传感器数据的有效融合方法,仍然是一个亟待解决的难题。

3. 移动边缘计算与数据处理的需求分析

相比在路边固定部署的 RSU 和基站等设备,车辆计算能力受限的问题更突出。然而,随着传感器的大量部署和传感器数据融合的需要,计算处理的数据量也十分庞大。且数据融合的算法对车辆计算能力提出了更高的要求。因此,在当前环境下,车辆往往需要更强大的计算单元协作,才能有效完成数据处理。随着车联网规模和数据量的急剧增长,传统集中式运算和处理的方式已无法满足车联网的要求,面临诸多新挑战。虽然云端集中式处理和计算能力强,但是多节点间的通信传输性能与其计算性能并不匹配,极易出现数据拥塞的问题。此外,由于云端服务器的位置往往远离采集数据的车辆,数据传输时必然会产生更大的时延。由于当前部署的 5G 网络性能还未达到 L4 级别自动驾驶系统的要求,因此集中式计算和处理方式所造成的时延将会对车联网性能产生影响。

针对车联网感知信息共享的需求,移动边缘计算(mobile edge computing,MEC)技术有望解决车辆间传感数据分布式本地计算和处理的需求[20]。MEC 使用位于 RSU 中的计算单元协助车辆进行计算,对于地理位置更靠近传感器数据源的 RSU,车辆到边缘节点的通信时延相对可控。通过 RSU 协助计算,车辆间紧急数据的传输和处理时延有望满足 L4 级别自动驾驶的要求。结合云计算技术,通过将时延可容忍的数据上传到云端进行计算,实现云端、边缘与本地协同计算,提高车联网数据计算和处理的效率。

不过,当前 MEC 主要研究边缘节点计算能力提升问题,通过提升算法性能来达到 L4 级别自动驾驶对计算能力的要求。然而,受边缘节点计算能力的限制,边缘节点计算资源调度和选择也是需要考虑的问题。由于节点的通信时延和计算时延将最终影响数据处理速度,因此需要研究最优边缘节点选择方案与多节点分布式协同计算方法,以提高多车协同的车联网整体计算效率,提升多车协同感知的信息融合性能。

如图 10-3 所示,图中 A 车辆为参考节点,B 车辆为中继节点。RSU 可以提供边缘计算功能,属于边缘节点。基站作为具备强大计算能力的中心,属于云端节点。每个节点都具备计算负载和通信负载两个负载属性,负载属性通过三种颜色分别表示其拥塞、忙碌和空闲状态。车辆将数据传输至 RSU 进行边缘计算,基站、其他车辆等节点可以辅助车辆进行计算,边缘计算的结果回传至车辆,实现数据的高效处理。为了提高数据处理的效率,车辆应选择通信负载和计算负载较小的边缘节点进行辅助运算。如图 10-3 中 A 车辆因感知数据量过大,亟须其他车辆和 RSU 协助进行计算。通过对通信资源、计算资源及网络整体时延的评估,A 车辆的数据通过多跳转发给多个 RSU 进行并行协同计算。与此同时,A 车辆将时延容忍的数据上传给通信负载较小的云端基站进行计算。车辆对周边设备的负载状态信息进行测算,并选取最优转发目标。每个边缘节点在协同计算的同时,也会选择并行处理性能最优的设备协同进行数据处理,从而降低计算和通信时延。

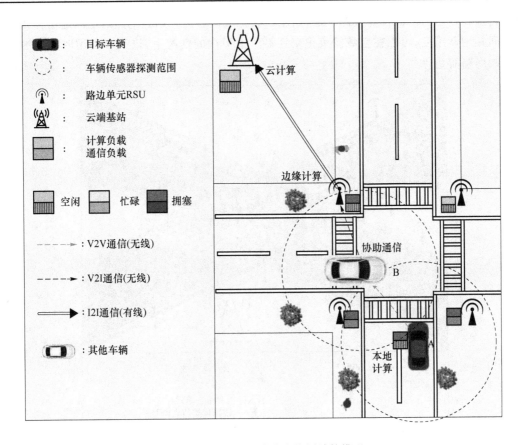

图 10-3　车联网边缘节点协同计算模型

10.3.2　通信-感知-计算融合的智能车联网系统

为了实现 L4 级别的自动驾驶,本章提出如图 10-4 所示的通感算融合的车联网系统。在通感算融合的车联网中,车辆需要具备车与车之间(V2V)、车与路边基础设施之间(V2I)、车与行人之间(V2P)等多种通信链路,实现车辆动态高效组网,以提升自动驾驶车辆的安全性。

(1) 感知-通信融合的车联网

通过将部分车辆传感器(如毫米波雷达)与通信系统一体化设计,可以实现感知-通信技术的融合,其优势如下。

① **感知-通信一体化实现高谱效、低时延信息共享**:通信系统的时延加上单独的传感器感知时延,将进一步增大信息共享的时延,不利于保障信息传输的时效性。同时,为了消除传感器与通信设备间的相互干扰,传感器需要在时域或频域上与通信设备进行有效的信号隔离,这将导致信息传输的时效性和频谱利用效率受到影响。针对上述问题,我们提出了基于感知-通信融合的智能车联网系统。

② **感知-通信一体化提升无线网络容量**:感知-通信融合的车联网传输方式,区别于传统移动通信网络广播通信方式,通过采用定向天线可以实现点到点的信息传输。随着车辆数

目的增多,5G 车联网的带宽资源不足,面临严峻挑战。通过采用点到点的定向通信方式,利用空间复用新维度,可以在空域波束正交且不产生干扰的情况下,进一步复用时频资源,提升无线网络容量[21,23]。

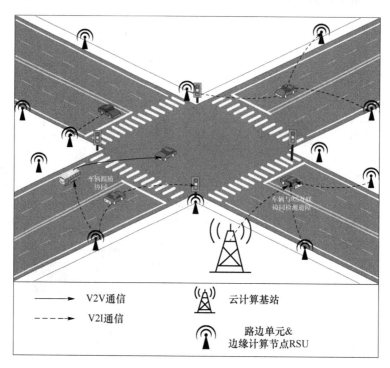

车辆跟随协同

车辆与RSU协同检测避障

→ V2V通信   云计算基站

- - -→ V2I通信   路边单元&边缘计算节点RSU

图 10-4 通感算融合的智能车联网系统

然而,车联网中应用定向通信也具有很大的挑战。首先,定向通信要求发射机获得接收机准确的方位信息[24],这就要求发射机具备不断跟踪接收机方位的能力[25,26]。对于高动态智能车联网来说,这需要很强的波束控制能力。其次,定向通信需要符合空间正交分布特性的波束成形方案,或者为非正交波束成形方案提供干扰消除策略。此外,感知-通信融合的一体化设备天线设计、一体化信号设计等也是技术难题。

(2) 通感算融合的车联网

随着车联网规模的扩大,车辆传感器采集的数据量也会随之增大,传感器采集的数据量将超 40 Gbit/s 量级[14]。这个量级的数据如果直接通过通信系统传输将造成严重的拥塞。此外,计算单元(如 CPU、GPU 等)的发展相对于传感器数据量的增长速度而言较为缓慢,仅靠单车的计算单元进行数据融合处理的难度将越来越大。传感功能将必然与利用 RSU、基站等设备的协同计算进行一体化设计,以应对海量数据处理的需求[18]。

① **数据融合降维**:传感器数据可以进行融合,如将图片或视频数据通过识别算法后转化为目标的运动信息(如方向、位置和速度),以及身份信息(如车型、车牌号等)。于是减少了冗余信息,仅保留感知结果,从而极大降低传感器数据量的维度。

② **数据融合扩展**:多种传感器数据的融合可以扩展传感器的有效信息量。摄像头可以得到较大范围内的目标信息,包括目标的类型和大致位置。这将有效解决雷达的探测盲区问题。且摄像头具有动目标检测能力,可对突发情况做出更快的处理,配合雷达精准探测的

距离信息,可以更好地获取车辆周围的信息,保障行车安全。

③ 数据融合匹配:融合的数据可以为数据匹配提供依据。通常,雷达通过反射信号进行测距,仅具备对目标位置、速度等信息的感知能力。摄像头作为成像设备,搭配识别算法可以做到对目标类型和身份等信息的感知。

此外,边缘计算技术可以为车辆间通信、波束分配方案、干扰和信号碰撞避免方案提供重要参考。通过计算,预先进行通信资源分配,将有效提升通信系统的效率,降低通信时延,从而为车辆快速高效动态组网提供有效保障。

通感算融合的核心思想是将传感、通信和计算深度融合,实现三个功能间的相互协作、资源共享,提高多系统运行的智能化和自动化水平。车联网的通感算一体化面临着诸多理论难题与技术挑战。首先,需要解决通感算三者相互耦合与制约的理论难题。其次,需要研究通感算一体化方式。考虑到车辆的移动性、车联网复杂的干扰特性、不同业务 QoS 的强差异性、车辆及 RSU 计算能力的差异性和计算单元的异构性等特点,如何在多车间实现云端、边缘端的通信、计算、感知资源与多样化业务的自主适配,如何在多维资源受限下实现车联网信息高效传递与低时延响应都是面临的技术难题。因此,亟须研究通感算融合的智能车联网体系,设计支持多传感器数据融合、高速计算、智能决策、协同控制的智能车联网技术,解决自动驾驶车辆间多源海量异构数据高速处理、协同高效传输、低时延决策与控制等难题。

本章参考文献

[1] 蔡文楠,谢文聪,孙国同. 车联网在 5G 网络环境下的发展趋势及应用探究[J]. 中小企业管理与科技(下旬刊),2020(11):122-123.

[2] 闫坤. 基于蜂窝网络的车联网通信[J]. 电信网技术,2017(5):69-73.

[3] 宿峰荣,管继富,张天一,等. 车联网关键技术及发展趋势[J]. 信息技术与信息化,2017(4):43-46.

[4] Pilot Program for Collaborative Research on Motor Vehicles With High or Full Driving Automation; Extension of Comment Period, The USA: National Highway Traffic Safety Administration (NHTSA)[EB/OL]. (2018-11-23)[2023-05-10] https://www. federalregister. gov/documents/2018/11/23/2018-25532/pilot-program-for-collaborative-research-on-motor-vehicles-with-high-or-full-driving-automation.

[5] SAE J3016 SEP2018,(R)Taxonomy and Definitions for Terms Related to Driving Automation Systems for On-Road Motor Vehicles[EB/OL]. (2018-06-15)[2023-05-10] https://www. sae. org/standards/content/j3016_201806/.

[6] Automated Vehicles for Safety Overview, The USA: National Highway Traffic Safety Administration (NHTSA)[EB/OL]. (2019)[2023-05-10] https://www. nhtsa. gov/technology-innovation/automated-vehicles-safety.

[7] NTSB:HIGHWAY HWY18MH010[R], The USA: National Transportation Safety Board (NTSB),2018.

[8] Haibin, Chen, Rongqing, et al. Interference-Free Pilot Design and Channel

Estimation Using ZCZ Sequences for MIMO-OFDM-Based C-V2X Communications [J]. China Communications, 2018, 15(7): 47-54.

[9] Cheng F, Zhu D, Xu Z. The study of vehicle's anti-collision early warning system based on fuzzy control [C]//2010 International Conference on Computer, Mechatronics, Control and Electronic Engineering. IEEE, 2010, 3: 275-277.

[10] Naik G, Choudhury B, Jung-Min, et al. IEEE 802.11bd & 5G NR V2X: Evolution of Radio Access Technologies for V2X Communications[J]. IEEE Access, 2019, 7: 70169-70184.

[11] ITU: Report ITU-R M. 2410-0: Minimum requirements related to technical performance for IMT-2020 radio interface (s) [R], The USA: International Telecommunication Union (ITU), 2017.

[12] 3GPP: 3GPP TR 38. 913: Study on Scenarios and Requirements for Next Generation Access Technologies (v15. 0. 0, Release 15) [S]. 3rd Generation Partnership Project (3GPP), Jun. 2018.

[13] IMT-2020 (5G) 推进组. C-V2X 白皮书[R]. 中国: IMT-2020 (5G) 推进组, 2018.

[14] Zhang J, Letaief K B. Mobile Edge Intelligence and Computing for the Internet of Vehicles[J]. . Proceedings of the IEEE, 2019, 108(2): 246-261.

[15] Wang X, Liu G, Ding H, et al. 5G New Radio technology and Standards[M]. Beijing: Publishing House of Electronics Industry, 2019.

[16] 华为. 5G 技术发展及车联网应用展望[EB/OL]. http://www. bocichina. com/boci / pagestatic/index/index. html.

[17] Choi J, Va V, Gonzalez-Prelcic N, et al. Millimeter-Wave Vehicular Communication to Support Massive Automotive Sensing [J]. IEEE Communications Magazine, 2016, 54(12): 160-167.

[18] Bhatnagar G, Liu Z. Multi-Sensor Fusion Based on Local Activity Measure[J]. IEEE Sensors Journal, 2017, 17(22): 7487-7496.

[19] Cunha L da, Zhou J, Do M N. The nonsubsampled contourlet transform: Theory, design, and applications [J]. IEEE Trans. Image Process, 2006, 15 (10): 3089-3101.

[20] Feng J, Liu Z, Wu C. Mobile Edge Computing for the Internet of Vehicles: Offloading Framework and Job Scheduling [J]. IEEE Vehicular Technology Magazine2019, 14(1): 28-36.

[21] Ma H, Wei Z, Ning F, et al. Performance Analysis of Joint Radar and Communication Enabled Vehicular Ad Hoc Network [C]//2019 IEEE/CIC International Conference on Communications in China (ICCC), Changchun, China, 2019: 887-892.

[22] Ma H, Wei Z, Zhang J, et al. Three-dimensional multiple access method for joint radar and communication enabled V2X network [C]//2019 IEEE International Conference on Signal, Information and Data Processing (ICSIDP), Chongqing,

China，2019：1-5.

[23]　Abdalla G M，Abu-Rgheff M A，Senouci S. Space-Orthogonal Frequency-Time medium access control（SOFT MAC）for VANET[C]//2009 Global Information Infrastructure Symposium，Hammemet，2009：1-8.

[24]　冯志勇，尉志青，马昊，等. 一种基于多雷达协同探测的雷达探测方法及装置：中国，201910703507.6[P]. 2019-8.

[25]　冯志勇，尉志青，陈旭，等. 一种阵列天线、波束成形方法及感知和通信一体化系统：中国，201910874924.7[P]. 2019-09-17.

[26]　冯志勇，方子希，尉志青，等. 基于波束功率分配的雷达通信一体化协同探测方法及装置：中国，201910676137.1[P]. 2019-07-25.

第11章 典型的智能机器网络:无人机网络

本章概括性地介绍了智能机器网络中的无人机网络,包括无人机的发展、无人机通信组网的应用场景等。希望读者从中了解到无人机的构造分类、组网场景的标准等知识。

11.1 无人机的发展

无人机由于具备成本低、灵活性强、易部署的优势,在军民领域都获得了广泛的应用。在军事领域,无人机适合"愚钝,肮脏或危险"的任务,可极大地减少人员的伤亡。在民用领域,无人机被广泛应用于物流、监控、灾害救援、无线通信等场景[1]。无人机具有高机动性的特点,可以在交通不便的区域提供全天候的服务。但是单无人机难以在未知的环境中高效地完成任务。如图11-1所示的灾害救援场景,单无人机难以在短时间内抵近侦察进行人员搜救。而大量无人机构成的无人机集群,则可以自主协同,可以在未知的环境中快速高效地执行任务。在灾害救援场景中,可以更快速地进行搜救,为抢救生命争取时间。

图 11-1 无人机集群应用于灾害救援场景进行人员搜救

根据无人机的构造,可以将其分为如下三种类型[3]。

① 多旋翼无人机(也称为旋翼无人机),可以垂直起飞和降落,并且可以悬停在固定位置上持续执行任务。这种高机动性使其适用于无线通信场景,因为它们可以高精度地将基站部署在所需的位置上,或者携基站按指定的轨迹飞行。但是多旋翼无人机的机动性有限,并且能量效率较低。

② 固定翼无人机,可以在空中滑行,显著提高能量效率,并且载重较大。相比旋翼无人

机,固定翼无人机能以更快的速度飞行。固定翼无人机的缺点是：无法进行垂直起降,并且不能悬停在固定位置上。

③ 混合型无人机,形似鹦鹉,可以垂直起飞,通过在空中滑行快速到达目的地,然后使用 4 个旋翼切换到悬停状态。

随着无人机的学术研究和工业推广的不断演进,无人机吸引了很多大型企业以及国内外学者的高度关注。Google 推出的气球互联网项目目前已经可以使用空中无人机（气球）为偏远地区提供持续的互联网服务[4]。亚马逊的航空项目预计将启动一个基于无人机的包裹递送系统[5]。高通公司和美国电话电报公司计划在第五代无线通信网络中部署无人机,以实现大规模无线通信[6]。欧洲研究委员会（European Research Council,ERC）在 Perfume 项目中提出了"自主空中蜂窝中继机器人"的概念,其中无人机作为中继能够增强现有商业终端的连通性,提高吞吐量[7]。Facebook 提出的 Aquila 项目旨在利用无人机向偏远地区提供网络覆盖,该项目中无人机能够以 18～20 km 的高度沿自定义的轨迹飞行,通信覆盖范围约 100 km[8]。

11.2　无人机通信与组网的应用场景

多架无人机构成的无人机集群通常需要高效的通信技术。对此,很多学者在无人机无线通信领域进行了深入的研究。Shakhatreh 等人组织了一项全面的调研,重点关注无人机在能量收集、防碰撞、网络安全等方面遇到的挑战,并就如何处理这些挑战提出了重要见解[9]。Yang 等人对无人机在低空平台（low altitude platform,LAP）、高空平台（high altitude platform,HAP）和综合机载通信系统中的通信协议和技术进行了研究[10]。Sekander 等人从频谱效率的角度分析了多层次无人机通信系统面临的各种挑战[11]。Khawaja 等人对空对地（air to ground,A2G）信道测量以及各种衰落信道模型面临的挑战和未来的研究方向进行了广泛的调研[12]。Zeng 等人对无人机无线通信的体系结构、信道特性、方案设计和未来机遇进行了综述[13]。Khan 等人为多层无人机自组织网络提出了一种去中心化的通信范式,并提出了许多适用的路由协议[14]。Jiang 等人调查了最具代表性的无人机路由协议,并对现有的路由协议的性能进行了比较[15]。Lu 等人介绍了为提高无人机飞行时长而设计的无线充电技术[16]。他们把无线充电技术分为基于非电磁和基于电磁两种类型。Mozaffari 等人给出了无人机无线网络的整体调研,并回顾了为解决开放问题而设计的各种分析框架和数学工具[17]。You 等人从系统架构的角度对分簇和联盟两种分层架构的近期研究成果进行了介绍和分析,讨论了大规模网络节点给无人机自组网带来的通信挑战[18]。Zhuo 等人重点对介质访问控制（medium access control,MAC）协议、路由协议、传输协议、跨层设计和机会网络这五个方面的研究进展进行了系统的概述[19]。Mohammad 等人全面概述了无人机在各种无线网络场景中的潜在应用和未来研究方向[20]。

通过上述文献调研,可以将无人机无线通信场景分为两大类。

① **无人机辅助地面通信**：无人机作为空中通信平台,通过安装通信收发器在高流量需求的情况下向地面用户提供增强的通信服务[21,22]。与固定在地面的基础设施相比,无人机辅助通信有很多优势：无人机可以按需灵活部署,特别适合野外紧急搜救等场景；无人机和

地面用户通信时有更好的视距链路,提高用户调度和资源分配的可靠性;无人机的高机动性增强了通信的自由度,可根据地面通信需求调整位置。这些优势使得无人机辅助通信成为蜂窝网络和5G网络研究的热点。目前无人机辅助通信的应用场景可以分为无人机基站,无人机辅助车联网、物联网等。

② **无人机独立组网**:多架无人机以自组织方式进行通信,可以在地面基础设施受限的地理区域扩大通信范围。无人机自组网的优势在于即使某个节点无法与基础设施直接连接,仍可通过其他无人机进行多跳通信连接到基础设施;即使某个节点因故障离开网络,仍可利用自组网的自愈性维持网络的稳定运行。在无人机独立组网性能分析方面,评估无人机自组网性能的同时需要考虑无人机的移动性,由于涉及空间和时间两个维度的变化和联系,无人机自组网的性能分析仍然是个难题。此外,无人机自组网的研究还包括多址接入协议、路由协议、轨迹优化和高可靠、低时延的资源分配等方面的难题。

11.3　无人机通信标准化进展

下面按照无人机通信的两大场景,即无人机辅助地面通信场景和无人机独立组网场景综述无人机通信标准化的进展。

11.3.1　无人机辅助地面通信场景

通信网络能为无人机系统提供稳定的通信服务。反之,无人机也需要为通信网络提供指控和无线电接入服务,其中无人机作为空中基站的场景受到广泛关注。

例如,对于有重大体育赛事等热点事件发生的小区,在某一个特定时间段对无线通信的需求会大幅度增加,并极有可能超过了小区的负载。如果只是在这些地区增大通信基础设施的配置密度,不仅会造成资金的浪费,还会导致通信资源的浪费。针对这种流量负载动态变化的问题,无人机可以通过无线中继的方式卸载部分流量或者直接作为通信基站服务地面用户。这样既能够保证一定时间段内的通信需求,又可以在突发事件结束后将无人机回收,减少了经济和通信资源的浪费。同样地,在地震等自然灾害发生的地区,通信基础设施通常会因不同程度的破坏而无法工作。而救灾抢险的开展离不开有效的沟通,在这种情况下,可以部署无人机基站为受灾群众以及搜救人员、救援车辆提供通信服务。

由于无人机能够在三维空间灵活移动,并且能够以较低的维护成本在低空固定位置盘旋,因此研发人员广泛使用现代无线电作为无人机的有效载荷。这些无线电能够为各种应用建立宽带数据链路,并作为地面通信网络的空中支持节点承担空中基站的任务。3GPP将这种空中无线电节点命名为机载无线电接入节点(radio access node on-board UAV,UxNB)[23]。

除了作为空中基站(air base station,ABS)外,UxNB节点也可以作为空中中继(air relay,AR)节点,还可以为搭建独立的演进通用陆地无线电接入网(evolved universal terrestrial radio access network,E-UTRAN)提供解决方案。如图11-2所示,根据场景需求的不同,UxNB 可以像普通的地面基站一样连接到 3GPP 核心网,从而提供带回传或者不带回传连接的无线接入网。

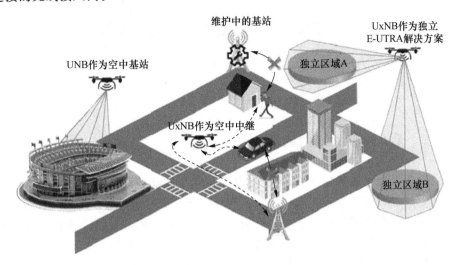

图 11-2　UxNB 节点的应用场景[24]

当 UxNB 节点作为空中基站时,如图 11-3、图 11-4 所示,无人机首先根据业务目标、需求、具体操作等确定系统的配置参数,然后从网络管理系统(network management system, NMS)获取授权,飞行到需要提供服务的区域,之后在低空持续盘旋,为地面用户提供特定的频谱资源以实现用户之间的无线通信。为了解决无人机普遍具有的续航时间短的问题,实际应用中会关注包括无人机尺寸、机载电池大小、物理环境、空域使用相关法规在内的各种客观因素。对此,3GPP 系统提供对 UxNB 节点的实时监控报告,包括无人机的实时功耗情况、位置、飞行轨迹、业务变换情况等。这种实时监控一方面能够优化服务参数和运行路径,降低无人机基站的功耗,另一方面能够优化节点管理系统,通过动态变换无人机位置或者更换能源即将耗尽的节点,提高无人机能源使用效率,提供不间断的通信服务。此外,3GPP 也关注无人机空中基站与地面用户之间的射频干扰问题。

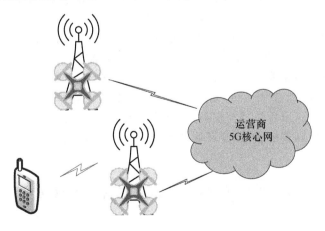

图 11-3　UxNB 作为空中基站[23]

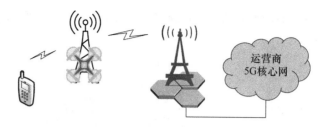

图 11-4　UxNB 作为中继[23]

11.3.2　无人机独立组网场景

与 3GPP 关注的空地组网不同,无人机空中组网不需要地面基础设施的辅助就可以实现无人机节点间的相互通信。无人机空中组网系统通常由一个地面控制站和若干个无人机组成。每个无人机节点都同时具有路由和报文转发的能力,因此每个无人机节点都兼具用户终端和中继两种功能。作为用户终端,无人机节点可以在地面控制站和其他无人机的指控下执行相应任务;作为中继,可以执行预设的路由方案并参与路由的维护工作。无人机空中组网和普通的无线自组网一样,具备独立组网、自组织、动态拓扑、自由移动、多跳路由等特点。除此之外,无人机空中组网还具有一些独有的特点,如抗干扰能力强、高度智能化、多路高清数据传输等。

ITU-R 一直负责无线电频谱和卫星轨道资源的管理工作,其中第 5 研究组在 2009—2011 年期间针对无人机系统在不同频段如何提供控制和非有效载荷通信链路(control and non payload communications,CNPC)制定了详细的标准,这些标准虽然提出了一些频谱分配和双工的方案,但是没有考虑更加高效的频谱资源管理方案。

ITU-T 一直致力于制定被称为 ITU-T 建议书的国际标准,在 2017—2020 年期间,第 16、17 和 20 研究组分别针对民用无人机通信框架、无人机身份识别、无人机应用于物联网和 IMT-2020 的功能架构制定了多项国际标准。这些标准虽然规定了无人机系统的通信与服务要求,也对应用层的功能进行了一些定义,但是没有对这些方案进行不同维度的性能分析,也没有制定关于无人机网络中最重要的 MAC 协议、路由协议等的国际通用标准,对此,本书在前两部分从性能分析和协议设计两个层面进行了深入研究。

从上述无人机基站和无人机独立组网的标准化进展中我们可以看出,3GPP 目前只在5G 使用案例中提出了无人机基站概念:UxNB 节点。标准中关于无人机基站的服务流程等都是来源于现有的一些企业的实际使用案例,3GPP 还没有针对无人机基站服务流程中涉及的相关技术制定标准。ITU 针对无人机独立组网制定的标准大都聚焦于无人机实际应用于不同场景时的通信服务流程与框架,而对于无人机独立组网中通用的通信协议、资源分配技术等还没有制定相关的标准,这可能是未来工业界重点关注的方向。

11.4　无人机网络未来的趋势

无人机集群的发展面临以下挑战:①无人机不论是遥控还是自主控制,都需要装配传感器、通信模块等电子设备,而无人机的载荷、体积、频谱、功率极为受限,这给无人机机载电子设备的设计和装配带来挑战；②无人机集群在未知环境中执行任务，在高速高动态运动中适应未知环境，例如避免与障碍物、其他无人机或者飞行器的碰撞，需要无人机集群对环境态势做出快速反应，这给无人机集群快速感知、通信和组网方案的设计提出了挑战；③无人机有大量的感知数据（如高清视频、雷达遥感数据等）需要传输，但是无人机的功率、频谱等无线资源极为受限，给无人机的大带宽传输带来挑战。而将无人机集群的感知与通信功能进行一体化设计，可以解决上述问题。首先，感知通信一体化技术可以使无人机在载荷、体积、频谱、功率受限的情况下承载雷达感知和通信功能，近几年信息系统、集成电路、射频器件的发展为无人机雷达感知与通信的一体化设计提供了可能。其次，通过感知通信一体化信息联合处理，将合作与非合作模式的目标识别方法进行融合，挖掘通信信号的感知潜力，可以在多种场景下快速精准地对障碍物进行目标识别和定位，进而为无人机防碰撞提供决策基础，解决无人机在未知环境的生存性问题。同时，感知通信一体化也可以提升通信组网效率。通过雷达感知等手段获取邻居节点分布的统计信息以后，无线自组网拓扑构建的时间可以降低一个数量级[21,22]。组网速度的加快可以增强无人机集群的反应速度和环境适变能力。最后，基于感知通信一体化技术的无人机可以利用阵列天线，通过形成窄波束，实现大容量数据传输。

利用感知通信一体化技术可以提升无人机集群的快速组网能力，可以更好地应对载荷、体积、频谱、功率受限的无人机集群快速适变未知环境的挑战。感知通信一体化无人机网络原理与图 11-5（a）所示的蝙蝠群体类似。蝙蝠发出的超声波不仅可以用作雷达感知，还可以用作与其他蝙蝠的交流，用作快速目标识别和定位，从而顺利完成避免碰撞、编队飞行等复杂任务，以适应未知环境。按照仿生学的观点，如果无人机具备类似蝙蝠的感知通信一体化能力，必然会获得更好的环境适应能力。基于这个观点，我们研究感知通信一体化的无人机集群组网机理。研究感知通信一体化信息联合处理方法，可以实现雷达通信一体化的波形设计以及基于一体化信号的目标识别与定位，为无人机集群防碰撞提供技术支撑，解决无人机集群在未知环境中的生存问题，同时为感知通信一体化无人机集群的通信及组网方案提供基础；研究基于感知通信一体化的无人机快速波束对准方法，可以实现无人机之间的快速通信建链，为无人机集群的快速组网提供技术支撑；研究感知通信一体化的机群快速邻居发现与多址接入方法，可以降低数据包拥塞概率，提升无人机集群的组网速度。

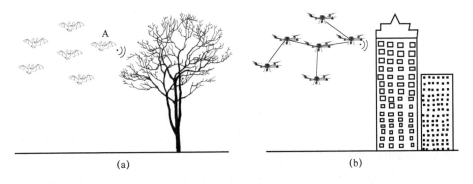

图 11-5　"类蝙蝠"的感知通信一体化无人机网络

本章参考文献

[1] Hayat S, Yanmaz E, Muzaffar R . Survey on Unmanned Aerial Vehicle Networks for Civil Applications: A Communications Viewpoint[J]. IEEE Communications Surveys & Tutorials, 2016, 18(4):1-1.

[2] 许智辉,李执力.无人机武器化趋势及其未来作战应用[C]//第二届无人机发展论坛. 国际航空杂志社,2006:55-58.

[3] Fotouhi A, Qiang H, Ding M, et al. Survey on UAV Cellular Communications: Practical Aspects, Standardization Advancements, Regulation, and Security Challenges[J]. IEEE Communications Surveys & Tutorials, 2018, 21 (4): 3417-3442.

[4] Google. Google's Loon Project[EB/OL]. (2019)[2023-07-14]. https://loon.com/. 2019.

[5] Amazon. Amazon Prime Air Project for Parcel Delivery[EB/OL]. (2019) [2023-07-14] https://www. amazon. com/Amazon-Prime- Air/b? i. e. ,=UTF8&node=8037720011.

[6] Qualcomm Technologies. Paving the Path to 5G: Optimizing Commercial LTE Networks for Drone Communication[EB/OL]. (2016-09-06) [2023-05-10]https:// www. qualcomm. com/news/onq/2016/09/paving-path-5g-optimizing-commercial-lte-networks-drone-communication.

[7] Eurecom. ERC Perfume Project [EB/OL]. (2019) [2023-07-14]. http://www. ercperfume. org/about/.

[8] Facebook. Building Communications Networks in the Stratosphere [EB/OL]. (2019) [2023-07-14]. https:// code. facebook. com/posts/993520160679028/building-communications-networks-in-the-stratosphere/.

[9] Shakhatreh H, Sawalmeh A, Fuqaha A A, et al. Unmanned Aerial Vehicles (UAVs): A Survey on Civil Applications and Key Research Challenges[J]. IEEE Access,2019,7:48572-48634.

[10] Cao X, Yang P, Alzenad M, et al. Airborne communication networks: A survey [J]. IEEE Journal on Selected Areas in Communications, 2018, 36(9): 1907-1926.

[11] Sekander S, Tabassum H, Hossain E. Multi-tier drone architecture for 5G/B5G cellular networks: Challenges, trends, and prospects[J]. IEEE Communications Magazine, 2018, 56(3): 96-103.

[12] Khawaja W, Guvenc I, Matolak D W, et al. A survey of air-to-ground propagation channel modeling for unmanned aerial vehicles[J]. IEEE Communications Surveys & Tutorials, 2019, 21(3): 2361-2391.

[13] Zeng Y, Zhang R, Lim T J. Wireless communications with unmanned aerial vehicles: Opportunities and challenges[J]. IEEE Communications Magazine, 2016, 54(5): 36-42.

［14］ Khan M A，Safi A，Qureshi I M，et al. Flying ad-hoc networks（FANETs）：A review of communication architectures，and routing protocols［C］//2017 First International Conference on Latest trends in Electrical Engineering and Computing Technologies（INTELLECT）. IEEE，2017：1-9.

［15］ Jiang J，Han G. Routing protocols for unmanned aerial vehicles［J］. IEEE Communications Magazine，2018，56(1)：58-63.

［16］ Lu M，Bagheri M，James A P，et al. Wireless charging techniques for UAVs：A review，reconceptualization，and extension［J］. IEEE Access，2018，6：29865-29884.

［17］ Mozaffari M，Saad W，Bennis M，et al. A tutorial on UAVs for wireless networks：Applications，challenges，and open problems[J]. IEEE communications surveys & tutorials，2019，21(3)：2334-2360.

［18］ 游文静，董超，吴启晖. 大规模无人机自组网分层体系架构研究综述[J]. 计算机科学，2020，47(9)：232-237.

［19］ 卓琨，张衡阳，郑博，等. 无人机自组网研究进展综述[J]. 电信科学，2015，31(4)：128-138.

［20］ Mozaffari M，Saad W，Bennis M，et al. A Tutorial on UAVs for Wireless Networks：Applications，Challenges，and Open Problems［J］. Communications Surveys & Tutorials，IEEE，2019，21(3)：2334-2360.

［21］ 张望，彭来献，徐任晖，等.雷达通信自组网的邻居发现算法研究[J].通信技术，2017，50(4)：701-706.

［22］ Wei Z，Han C，Qiu C，et al. Radar assisted fast neighbor discovery for wireless ad hoc networks[J]. IEEE Access，2019，7：176514-176524.

［23］ 3rd Generation Partnership Project. Technical Specification Group Services and System Aspects；Enhancement for Unmanned Aerial Vehicles[S]. 3GPP Technical Report 22. 829，Sep. 2019.

［24］ 3GPP 无人机系统通信和网络标准概览[EB/OL]. （2020）［2023-07-14］. https://www. 52fuqu. com/zixun/2891055. html.